現場でプロが培った
Google Analyticsの使い方

アスキー・メディアワークス　デジタルコンテンツ部編成課
中野克平 [著]
Kappei Nakano

ASCII

はじめに

「Google Analyticsの使い方が分からない」と思っているアナタ、そうアナタです。安心してください。私も初めはさっぱり分かりませんでした。この前書きを書くために2006年にある雑誌に書いたGoogle Analyticsの記事を読み返したのですが、読んでいて恥ずかしくなるほど表面的な内容でした。あの記事を読んでくれた人、本当にごめんなさい。

本書は、Google Analyticsが登場した2005年から、私がコツコツと培ってきたノウハウの集大成です。「直帰率？ なんじゃそりゃ」という段階から用語の勉強を始め、日本語で検索しても何も出てこず、英語サイトの記事を読みあさり、大学時代の教科書を本棚から引っ張り出して「こうだろう」という自分なりの考え方ができたのが2007年。Excelにエクスポートしてピボット集計したり、フィルターを駆使して指標を操作しながら、本当にこのやり方でいいのかな、と悩んだ時期もありました。

自信を持つようになったのは、あるWebアクセス解析ツール提供企業の方と会食したときのことです。「Google Analyticsの使い方は自己流なので、世の中で通用するか分からない」といったところ、「どんなやり方をされてますか？」と聞かれ、Google Analytics上の操作やExcelに出力した後の加工方法を説明したところ、「それはうちのやり方と同じです」と言われたのです。

「なぁんだ、自分のやり方でいいのか」と思いさらにノウハウに磨きをかけ、ASCII.jpを初めとするアスキー・メディアワークスのWebサイトの解析で培った知見を加え、おおよその体系を持った「知識」として原稿をまとめたのが本書です。

Webアクセス解析のノウハウを扱う書籍は、操作方法を簡単に述べたマニュアルや、弊社刊行の『ECサイト4モデル式Google Analytics経営戦略』（権成俊、村上佐央里・著）のような、物販サイトの売上げを拡大したり、リスティング広告の効率を高めたりする目的であれば数多く揃ってきました。しかし、ユーザーはコンテンツを読んでどう思ったのか、どんなキーワードにどんなユーザーのニーズが隠れているかなど、従来、メディア企業に所属する編集者が得意とする分野には既刊書が見あたりません。

　私がGoogle Analyticsを操作して最初に知りたかったのは、売上げ拡大、効率向上のような成果（コンバージョン）ではなく、「ユーザーがWebサイトをどう使ったのか」という指標には直接現れない部分でした。プロモーションにしても物販にしても、「アンケートに答えろ」「物を買え」という「ゴール」をあからさまに主張してしまったらやがてユーザーに飽きられてしまいます。「ユーザーを楽しませる」ことができなければ、価格競争に巻き込まれて事業は長続きしないでしょう。私が編集者として、またWebアクセス解析担当者として培ったノウハウをまとめた本書が、皆さんのお役に立てば幸いです。

アスキー・メディアワークス
デジタルコンテンツ部編成課
中野克平

現場でプロが培った　Google Analyticsの使い方●目次

はじめに……2　　目次……4　　本書の使い方……7

第1章 入門編──Google Analyticsの基礎知識……9

[1-1] 気づけば上達が早まるメニューの「並び順の意味」……10
Urchinとの違い　Analyticsの設計思想とは?
設計思想は「合目的的」と「因果関係」
Google Analyticsが言いたいのは「Webは人間が操作するもの」

[1-2] 使い分けるのがプロ　Google Analyticsと他のツール……23
Analyticsが計測できない「ロボットによるアクセス」とは?
アクセス解析の2つの目的──サーバー負荷とコンバージョン
アクセス解析ツールを使い分けるには?
アクセス解析3方式の比較──Google Analyticsのメリット、デメリット

[1-3] プロなら知っている「Webトラフィックの基本モデル」……37
Webトラフィックの基本モデルとは?
アクセス解析はトラフィック分析から始めよう

第2章 リファレンス編──Google Analyticsの使い方……45

[2-1] アカウントとプロファイルの必須設定はこれだ!!……46
Google Analyticsのアカウントとプロファイル

[2-2] 正確な計測に欠かせないサイトプロファイル設定……51
「サイトプロファイル情報」とは?
「目標」を設定するには?
「フィルタ」を設定するには?

[2-3] Google Analyticsのカスタマイズ機能……64
「マイレポート」を活用するには?
「インテリジェンス」を活用するには?
「カスタムレポート」を活用するには?
「アドバンスセグメント」を活用するには?

[2-4] 属性や使用環境が分かる「ユーザー」レポート……75
「地図上のデータ表示」(Map Overlay) レポート
「新規ユーザーとリピーター」(News vs. Returning) レポート
「言語」(Languages) レポート
「セッション数」(Visits) レポート
「ユニークユーザー数」(Absolute Unique Visitors) レポート
「ページビュー数」(Pageviews) レポート
「平均ページビュー数」(Average Pageviews) レポート
「ユーザーのサイト滞在時間」(Time on Site) レポート
「直帰率」(Bounce Rate) レポート

「リピートセッション数」(Loyalty)レポート
「訪問頻度」(Recency)レポート
「滞在時間」(Length of Visit)レポート
「滞在中のページビュー数」(Depth of Visit)レポート
「ブラウザ」(Browsers)レポート
「OS」(Operating Systems)レポート
「ブラウザとOS」(Browsers and OS)レポート
「画面の色」(Screen Colors)レポート
「画面の解像度」(Screen Resolutions)レポート
「Flashのバージョン」(Flash Versions)レポート
「Javaサポート」(Java Support)レポート
「利用ネットワーク」(Network Location)レポート
「ホスト名」(Hostnames)レポート
「接続速度」(Connection Speeds)レポート
「ユーザー定義」(User Defined)レポート

[2-5] 訪問の「きっかけ」が分かる「トラフィック」レポート ……106

「ノーリファラー」(Direct Traffic)レポート
「参照サイト」(Referring Sites)レポート
「検索エンジン」(Search Engines)レポート
「全ての参照元」(All Traffic Sources)レポート
「キーワード」(Keywords)レポート

[2-6] ページの出来不出来が分かる「コンテンツ」レポート ……113

「上位のコンテンツ」(Top Content)レポート
「タイトル別のコンテンツ」(Content by Title)レポート
「コンテンツの詳細」(Content Drilldown)レポート
「閲覧開始ページ」(Top Landing Pages)レポート
「離脱ページ」(Top Exit Pages)レポート

第3章 実践編——Google Analyticsによる問題解決 ……121

[3-1] ノーリファラーの分析で常連ユーザーの特徴が分かる ……122

ノーリファラートラフィックでやってくる常連ユーザーの特徴とは？
アクセス解析の基本は「同じ長さの期間の比較」
トラフィック増減の原因を調べるには？
常連ユーザーがトップページを訪れることを証明するには？
Google Analyticsの指標間の相関係数を調べるには？
Google Analyticsの指標と外部データを集計しておこう
ノーリファラートラフィックが減る理由を相関係数から読み解くには？
ゴールデンウィークにノーリファラートラフィックが減る本当の理由は？

[3-2] リニューアルの成否をノーリファラーの指標で判定する ……141

Webサイトの問題点を把握するには？
新規ユーザーとリピーターの非直帰セッションを調べるには？
リニューアル成功でノーリファラートラフィックが33％も減少!!
リニューアルが成功すると失敗する原因とは？

[3-3] 離脱ページを分析してユーザーの感想を知る ……155
- 離脱率が高い≠不満が大きい
- 離脱ページレポートをExcelにエクスポートして分析する準備
- 「離脱ページ」レポートをExcelで分析するには？
- 離脱ページの変化に気づくメリットとは？

[3-4] SEOの方針を検索トラフィックを分析して決める ……166
- 検索エンジントラフィック分析の「罠」とは？
- 検索エンジンごとに、キーワードの増減を調べる
- 検索エンジンの指標の変化は、どのキーワードが影響したのか調べる

[3-5] キーワードからユーザー層とサイトの相性を読む ……180
- ユーザーがどの検索エンジンから訪れたのか？
- どのキーワードを調べているユーザーが訪れたのか？
- ナビゲーションクエリーとWebプレゼンス
- キーワードをExcelで分析するには？
- キーワード別にユーザーの満足度を知るには？
- 「直帰率が高くても構わないキーワード」を見つけるには？
- 直帰しないユーザーの「気持ち」を指標から読み取るには？

[3-6] 「このページじゃない」と思われたページを見つける ……198
- アドバンスセグメントで指標を深く読み取るには？
- アドバンスセグメントを適用するレポートを選ぶには？
- 閲覧開始ページの直帰率をトラフィック別に集計したレポートを作るには？
- ユーザーが目的を達成できなかったページを見つけるには？
- 検索エンジン経由のユーザーをもてなすには？

[3-7] 参照トラフィックから読み解く新規ユーザー獲得のチャンス ……212
- 参照トラフィックの増減に気づくには？
- 参照サイトのセッション数が増えた原因を調べるには？
- どうすれば新規ユーザーを増やせるか？
- 参照されやすいコンテンツを作るには？

[3-8] 参照トラフィックの「冷やかし」と「真剣」を見分ける ……227
- 多くのユーザーを呼び込むコンテンツを発見するには？
- 参照トラフィックの「冷やかし」と「真剣」を見分けるには？

[3-9] 参照トラフィックの分析でライバルからユーザーを奪う ……237
- 参照トラフィックのデータをExcelにエクスポートするには？
- ユーザーの感想を指標から読み取るには？
- 参照サイトの指標からコンテンツ整備の方向を読み解くには？

索 引 ……254

〈本書の使い方〉

　本書の構成は、Webトラフィックの基本モデル（[1-3]：37ページ～）に沿っています。

　それぞれの章、節は独立しており、どこから読んでも理解できるようになっています。担当しているWebサイトに変化があったとき、Google Analyticsを使っていて疑問に思ったとき、該当する箇所を読めばきっとヒントが見つかるはずです。

テーマ	STEP 1	STEP 2	STEP 3	章
Google Analyticsの考え方	[1-1] 気づけば上達が早まるメニューの「並び順の意味」	[1-2] 使い分けるのがプロ Google Analyticsと他のツール	[1-3] プロなら知っている「Webトラフィックの基本モデル」	第1章 入門編 Google Analyticsの基礎知識
Google Analyticsの設定	[2-1] アカウントとプロファイルの必須設定はこれだ!!	[2-2] 正確な計測に欠かせないサイトプロファイル設定	[2-3] Google Analyticsのカスタマイズ機能	第2章 リファレンス編 Google Analyticsの使い方
Google Analyticsのレポート	[2-4] 属性や使用環境が分かる「ユーザー」レポート	[2-5] 訪問の「きっかけ」が分かる「トラフィック」レポート	[2-6] ページの出来不出来が分かる「コンテンツ」レポート	
「ノーリファラー」トラフィック	[3-1] ノーリファラーの分析で常連ユーザーの特徴が分かる	[3-2] リニューアルの成否をノーリファラーの指標で判定する	[3-3] 離脱ページを分析してユーザーの感想を知る	第3章 実践編 Google Analyticsによる問題解決
「検索エンジン」トラフィック	[3-4] SEOの方針を検索トラフィックを分析して決める	[3-5] キーワードからユーザー層とサイトの相性を読む	[3-6] 「このページじゃない」と思われたページを見つける	
「参照サイト」トラフィック	[3-7] 参照トラフィックから読み解く新規ユーザー獲得のチャンス	[3-8] 参照トラフィックの「冷やかし」と「真剣」を見分ける	[3-9] 参照トラフィックの分析でライバルからユーザーを奪う	
	着地	回遊	離脱	

●本書は情報の提供のみを目的としています。本書（サンプルプログラムを含む）を運用した結果について、著者およびアスキー・メディアワークスは一切の責任を負いません。
●本書の内容は2010年1月現在の情報に基づいています。WebサイトのURLやソフトウェアのバージョン等は予告なく変更されている場合があります。
●Googleはグーグル・インコーポレイテッドの登録商標です。
●Microsoft Excelはマイクロソフトコーポレーションの登録商標です。
　その他、商品名、サービス名は一般に各社の商標または登録商標です。
　本書では、©、TMなどの表示を省略しています。

第1章

入門編
Google Analyticsの基礎知識

アクセス解析を極めるには、やみくもにツールを操作するのではなく、ツールの考え方を知るのが近道です。第1章では、Google Analyticsの特徴と他のツールとの違いを、Google Analyticsの設計思想から迫ります。

[1-1]
気づけば上達が早まる
メニューの「並び順の意味」

　「Google Analytics」はグーグル社の無料アクセス解析ツールです。月間500万ビュー未満であれば誰でも、Google AdWordsのアカウントがあれば月間500万ビュー以上の大規模サイトでも無料で使えるので、2005年の登場以来、多くのWebサイトで使われています。

　しかし、「**どの機能がどのメニューにあるのか分からない**」「**どの指標を見ればいいのか以前に、そもそも指標の意味が分からない**」という声を聞くこともあります。せっかくの無料ツールなのに、もったいない話です。

　確かに、Google Analyticsのメニューは分かりにくいです。私も、ASCII.jpの状況を改善するべく、Google Analyticsと格闘を始めたばかりの頃はどこに目的のメニューがあるのか戸惑ってしまうほどでした。ところが、Webサイト解析の専門家の操作を間近で見る機会があり、彼の手際のよさに「メニューの並びには意味がある」とひらめいたのです。

　専門家が道具の使い方に長けているのは当たり前です。「弘法筆を選ばず」といいますから、道具がひどくても使いこなせるはずです。しかし、Google Analyticsのメニューの並び順には、確かに意味があるのです。並び順の意味を理解しているから、Google Analyticsの専門家は迷うことなくメニューを操作し、望みの指標にたどり着けるのです。

　本書では、私が5年にわたって蓄積してきたGoogle Analyticsのノウハウを紹介します。メディア、プロモーション、ブログ、eコマースなど、Webサイトの種類や収益モデルは違っても、Google Analyticsで見るべき指標や改善手法は案外似ているものです。第1章では、メニューの並

び順に潜むGoogle Analyticsの設計思想から、使いこなしのヒントを紹介します。

Urchinとの違い
Analyticsの設計思想とは？

「Google Analyticsはもともと『Urchin』という別のソフトで、グーグルがアーチン社を買収してGoogle Analyticsに名前を変えたんですよね？　グーグルが作ったわけではない製品に、グーグルの設計思想なんてあるのかなぁ」──よくご存じですね。ところが、UrchinとGoogle Analyticsでは、まるでメニュー体系が異なるのです。この違いこそGoogle Analyticsの設計思想です。まずはグーグルが買収した当時の最新版「Urchin 5」のメニューを見てみましょう。

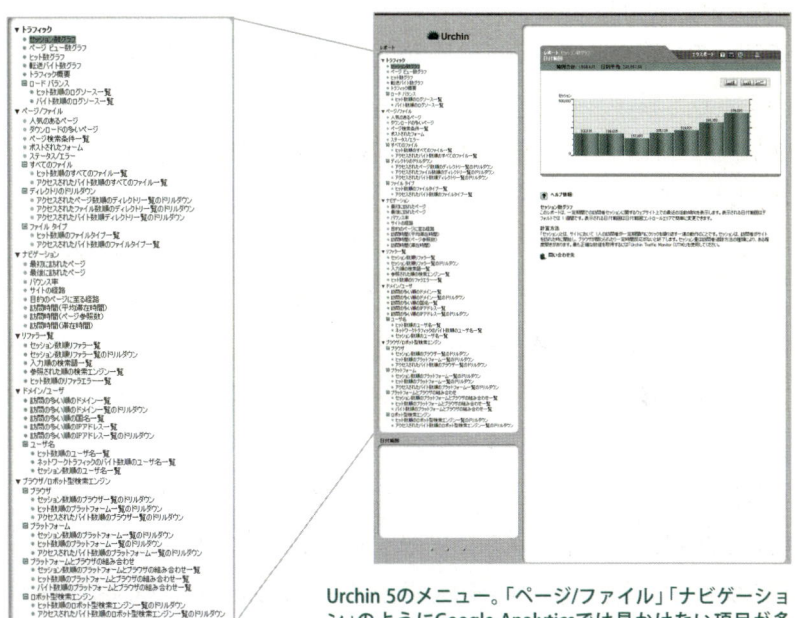

Urchin 5のメニュー。「ページ/ファイル」「ナビゲーション」のようにGoogle Analyticsでは見かけない項目が多く、Google Analyticsの元になった製品とは思えない

Urchin 5のメニューには、「トラフィック」のようにGoogle Analyticsと同名の項目もありますが、「トラフィック」カテゴリーには「転送バイト数グラフ」のように、Google Analyticsに存在しない項目もあります。

　「でも、バージョンが上がってメニュー体系に手が加えられることは珍しくないのでは？　現在のメニューと異なるからといって、設計思想というのは大げさすぎる気がしますが」——はい、疑問はごもっともです。では、Urchin 5の次のバージョンで現行製品の「Urchin 6」のメニューも見てみましょう。

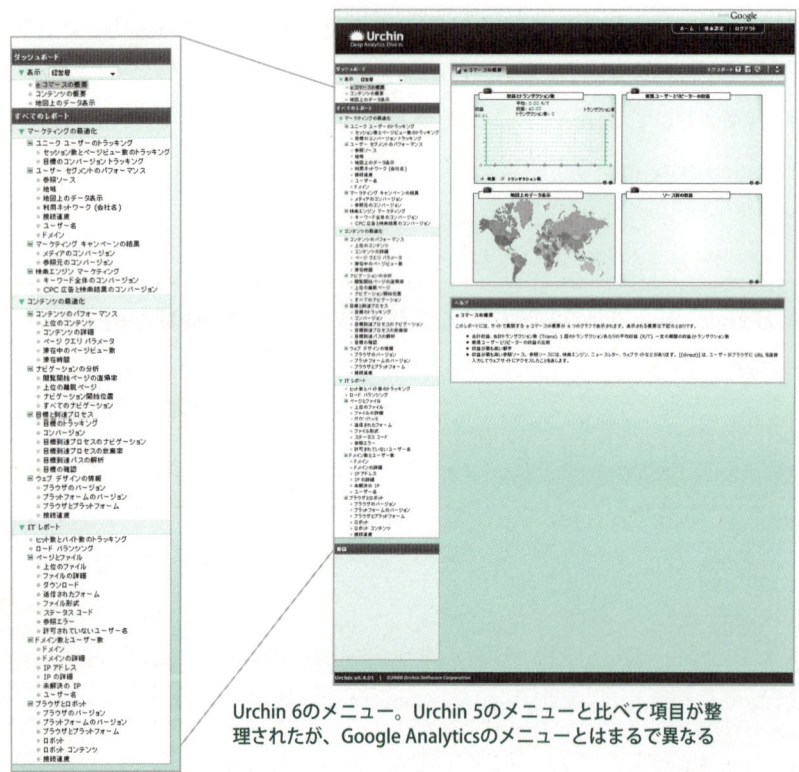

Urchin 6のメニュー。Urchin 5のメニューと比べて項目が整理されたが、Google Analyticsのメニューとはまるで異なる

　公式発表はないのであくまで私の推測ですが、グーグルはUrchin 5という製品を元にGoogle Analyticsを開発したのではなく、Urchinのデータ収集と解析機能、つまりWebサーバーのログを必要な分だけにそぎ

落とし、素早く解析するというエンジン部分だけを元に開発したようです。2008年に登場したUrchin 6は、Google Analyticsよりも後の製品ですが、Urchin 5ともGoogle Analyticsとも異なるメニュー体系になっており、Google AnalyticsがUrchinとは別系統のソフトウェアであると分かります。

「つまり、Google Analyticsのメニューはグーグルの設計思想を反映している、ということ？」──そのとおりでしょう。Google Analyticsの専門家は、メニューの並び順に込められた意味を理解しているから、迷うことなく目的の機能にたどり着けるのです。Google Analyticsのメニューの並び順の意図を理解することが、Google Analyticsそのものの理解につながるのです。

設計思想は「合目的的」と「因果関係」

　Google Analyticsの背後にあるのは、Webサイトの種類が何であれ、収益を上げるという目的に合致した手段を実施できているかという「合目的的な態度」です。また、「原因」と「結果」で現象を分析する「因果関係的な態度」もあります。目的－手段、原因－結果という2軸の組み合わせが、Google Analyticsの設計思想といえます。

　「設計思想ってそんなに重要なんですか？　メニュー体系の意味なんて知らなくても使えそうなものだけど」──確かに、個人的なブログサイトのページビューが先月よりも1万増えたことだけを知りたいのであれば、Google Analyticsの設計思想を知る必要はないでしょう。しかし、Google Analyticsを使うのは「費用と収入の効率を高めるには、何が問題になっていて、どこに原因があり、どういう対策をとればいいのか見極めたいから」のはずです。そもそもGoogle Analyticsのログイン画面には大きな文字で標語が書いてあります。

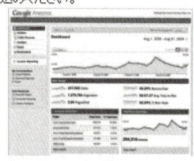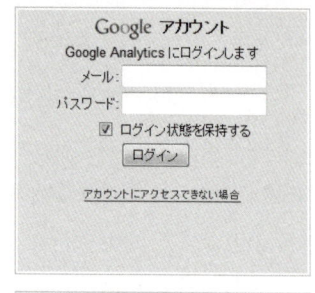

ログイン画面には、Google Analyticsの重要なコンセプトがさらっと書かれている

　では、「合目的的」とは何でしょうか。Webサイトを運営する目的は、いくつか考えられますが、メディアサイトであれば広告収入、プロモーションサイトであればユニークユーザーの獲得、ブログサイトであればアフィリエイト広告収入、eコマースサイトであれば物販収入があるでしょう。合目的的とは、たとえば、メディアサイトで広告を獲得するために、広告主が訴求したいユーザー層に突き刺さるような記事を制作することであり、eコマースサイトでより多くの商品を販売するために、ユーザーの購入動機を鼓舞するようにサイトを設計することです。

　一方、「因果関係的な態度」とは何でしょうか。ユーザーが製品を購入するのは、その製品が欲しいからであり、その製品の紹介ページにユーザーがたどり着いたのは、サイトの存在を事前に知っていたか、誰かのブログで紹介されていたか、検索エンジンで調べたかのどれかのはずです。因果関係的とは、「購入」という結果には「リスティング広告を見て訪れた」という原因がある、というように、現象を因果関係に分解して理解することです。

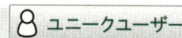

　さらに、**合目的的な態度と因果関係的な態度を組み合わせることで、現象を評価できる**ようになります。たとえば、「リスティング広告を見て訪れた」という現象を「Googleのリスティング広告を見て訪れた客」と「Yahoo!のリスティング広告を見て訪れた客」に分解し、どちらがより商品を購入したのかを調べ、「Yahoo!のリスティング広告を見て訪れた客」の方が圧倒的に商品を購入することを発見できれば、「リスティング広告には効果がある」という漠然とした評価ではなく、「Yahoo!のリスティング広告には効果がある」というより具体的な評価ができるようになるのです。

　「うーん、分かったような、分からないような……。**合目的的も因果関係も、メニューの並び順とは関係ない気がしますけど**」──そう焦らないで。メニューの並び順とGoogle Analyticsの設計思想は、次のページで説明しましょう。

Google Analyticsが言いたいのは
「Webは人間が操作するもの」

　Google Analyticsのメニューには、Webサイトは、目的－手段と原因－結果の2軸で分析するべし、というグーグルのメッセージが込められています。

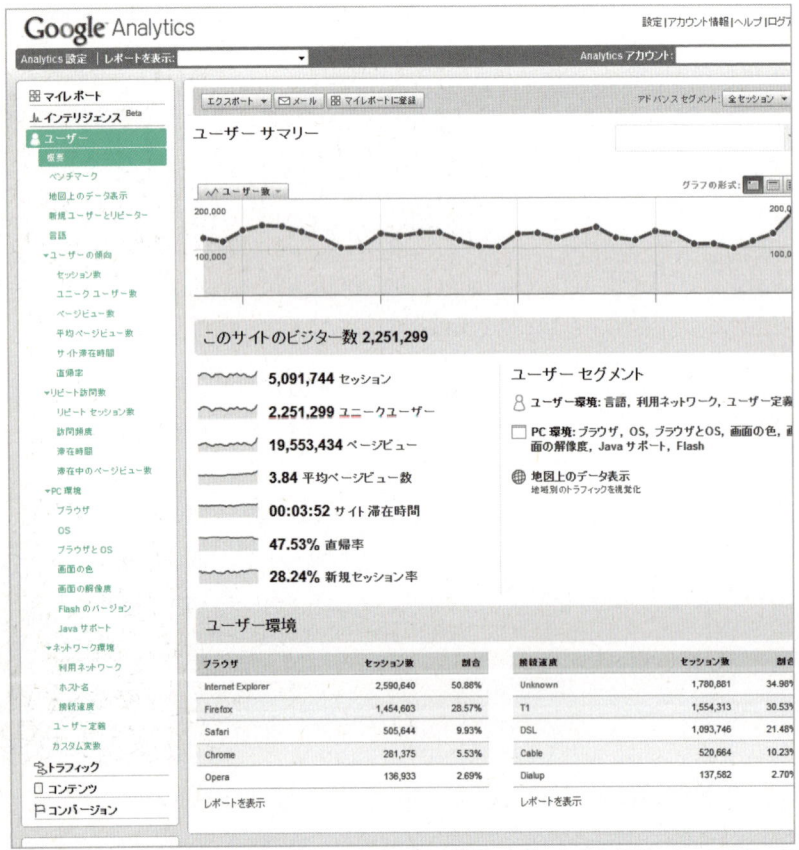

ユーザーメニューには、ユーザーがどこにいるのか、新規ユーザーなのかリピーターなのか、何語で、どんなネットワーク環境やディスプレイ解像度、OSやブラウザーを使っているのかというユーザーの属性に関するレポートと、ユニークユーザー数やセッション数、ページビュー数、訪問頻度や滞在時間など、ユーザー全体の傾向を知るためのレポートが並んでいる

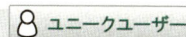

メニューの3番目にあるのは「**ユーザー**」です。Webを利用しているのは人間であり、何らかの状況でパソコンや携帯電話を操作し、Webブラウザーを起動しているはずです。ユーザーメニューでは、その何らかの状況と、ユーザー全体の動向を知るための指標を調べられます。

メニューの4番目にあるのは「**トラフィック**」です。ユーザーはWebブラウザーを操作して、何かのきっかけでWebサイトを訪れます。その何かがWebブラウザーのブックマーク（お気に入り）なのか、どこかのWebサイトのリンクをたどってきたのか、検索エンジンで何かのキーワードを調べてきたのか。トラフィックメニューでは、そうしたWebサイト訪問のきっかけを知るための指標が調べられます。

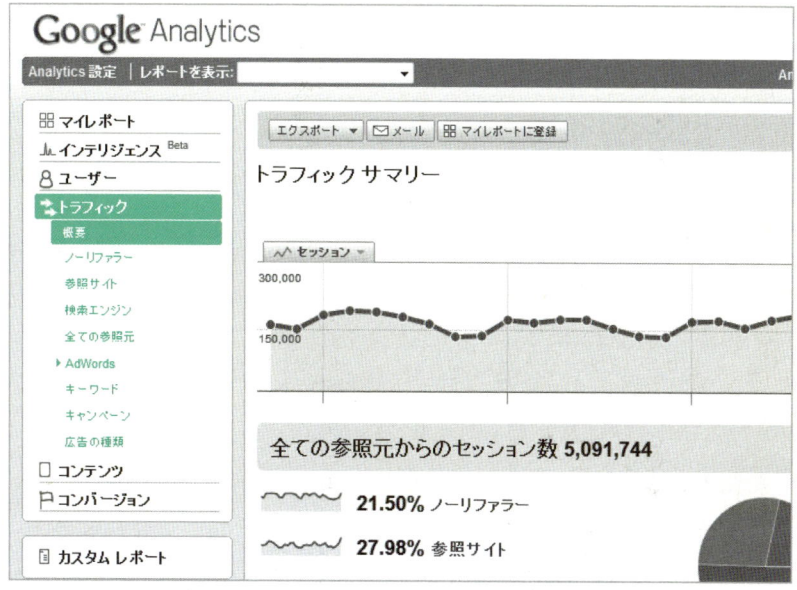

トラフィックメニューには、ノーリファラーや参照サイト、検索エンジンといったWebサイト訪問のきっかけを調べるレポートと、AdWrods、キーワード、キャンペーン、広告の種類といったSEM（Search Engine Marketing：検索エンジンマーケティング）のヒントになるレポートが並んでいる

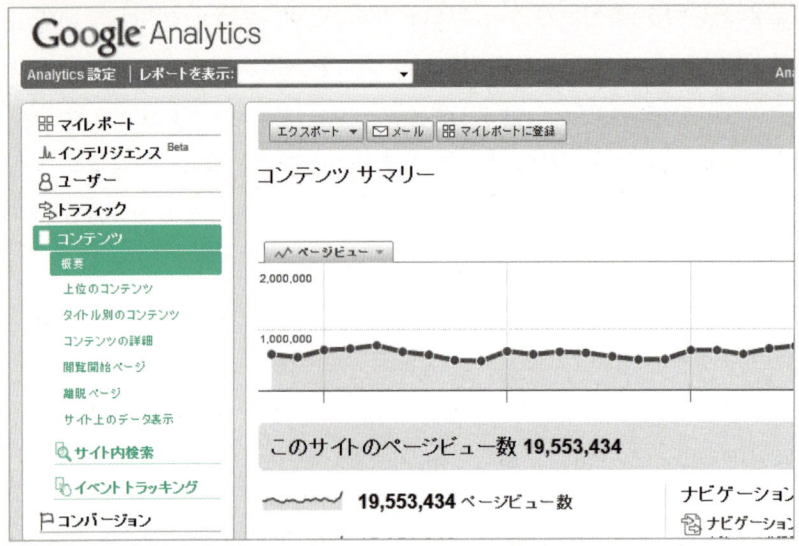

コンテンツメニューには、どのページから読み始められ、どのようなページが読まれて、どのページから離脱したのかのレポートが並んでいる

　メニューの5番目にあるのは「**コンテンツ**」です。ユーザーがWebサイトを訪れ、最初に見るのはどのページなのか。一番多く読まれるページはどれなのか、離脱するユーザーが多いのはどのページなのか。コンテンツメニューでは、そうしたWebサイト内のユーザーの動作を知るための指標を調べられます。

　コンテンツメニューには、「サイト内検索」と「イベントのトラッキング」というサブメニューがあります。GoogleやYahoo!など、サイト外のどの検索エンジンから流入してきたのかを調べるメニューがトラフィックにあるのに、サイト内検索がコンテンツにあるのは一見分かりにくいです。しかし、**コンテンツメニューにはWebサイト内のユーザーの動作を知るためのレポートが集まっていますので、サイト内検索についてのレポートもコンテンツメニューにあるわけです**。

　イベントのトラッキングは、「_trackEvent(<カテゴリー>, <アクション>, <ラベル> <値>)」というJavaScriptのメソッドを使って、たとえば「動

画再生の開始」「動画再生の停止」といったHTMLで何かのリンクをクリックした以外の動作をイベントとして記録し、ユーザーの行動を分析するために使います。イベントのトラッキングもWebサイト内のユーザーの動作を知るためのレポートですので、コンテンツメニューにあります。

メニューの6番目にあるのは「**コンバージョン（conversion：転換）**」です。Webサイト運営者の目的とするページに、どのような経路でコンテンツを読み進んでユーザーが到達したのか、しなかったのか。そうしたWebサイトの目的達成についての指標をコンバージョンメニューで調べます。

コンバージョンメニューには、目標の到達数など、
コンバージョンについてのレポートが並んでいる

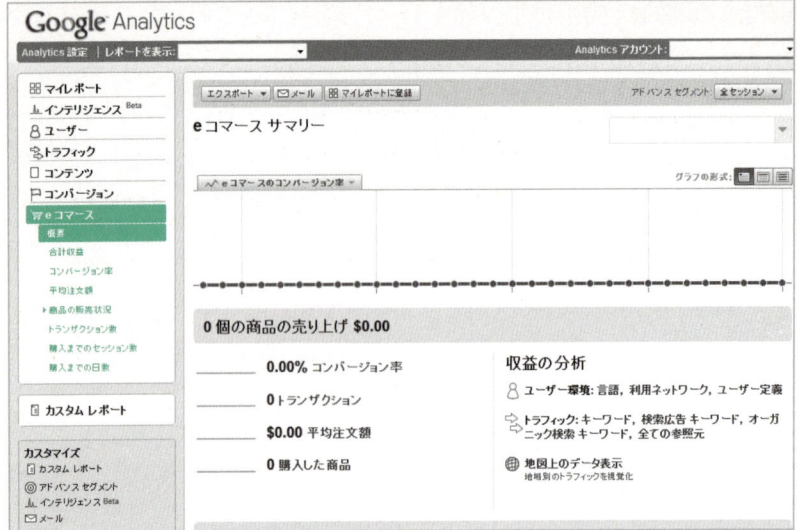

eコマースには、合計収益や購入までの日数など、
Eコマースに特化したレポートが並んでいる

　Google Analyticsのプロファイル設定で「eコマースサイトです」を選んでいると、7番目のメニューとして「eコマース」が表示されます。コンバージョンによってWebサイトの目的に到達したユーザーが、いくらの売り上げをもたらしたのかを分析するための指標をeコマースメニューで調べます。

　つまり、Google Analyticsのメニューは、**因果関係順に並んでいる**のです。ユーザーによるWebブラウザーの操作が原因となって、Webサイトへのトラフィックを生み出すという結果を生み、トラフィックが原因となってWebサイト内でコンテンツを読み進めるという結果を生み、コンテンツが原因となってコンバージョンという結果を生み、売り上げをもたらすという順で並んでいるのです。

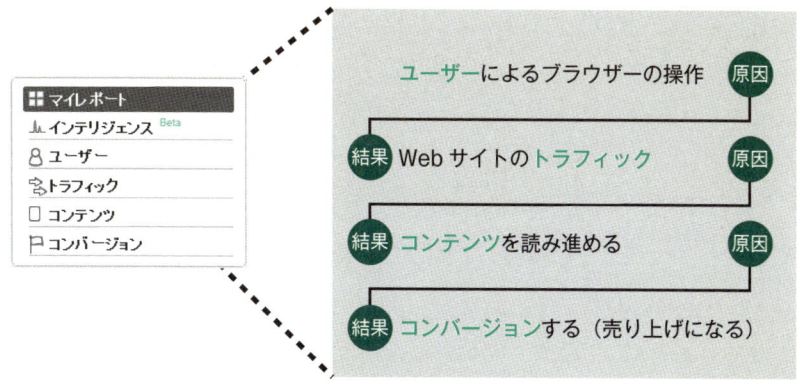

Google Analyticsのメニューは因果関係順に並んでいる

　Google Analyticsのメニューが因果関係順に並んでいるということは、あるレポートで変化した指標の原因は、その前のメニューのレポートにあります。コンバージョンが増えた原因はどれかのコンテンツにあり、あるコンテンツのビューが増えた原因はトラフィックメニューのレポートにあるはずです。

　Google Analyticsのメニューが因果関係順で並んでいると知っているだけで、指標が変化したとき、どのメニューのレポートを見れば分かるのです。

　Google Analyticsのメニューは、合目的的でもあります。今度はメニューを逆に見ていきましょう。

　たとえばeコマースサイトの場合、いくらの売り上げがあったのかがeコマースメニューで分かります。商品の購入という目的を達成したユーザーがどのくらいいるのかがコンバージョンメニューで分かります。商品を購入するという目的を達成するのに適した手段となるページが何なのかはコンテンツメニューで分かります。あるページに到達するトラフィックが、他サイトでの紹介なのかリスティング広告なのかといった目的を達成するのに適したトラフィックが何なのかはトラフィックメ

ニューで分かります。トラフィックはどの時間帯で多いのか、どのWebブラウザーで多いのか、そもそもユーザーは何人いるのかなど、何がトラフィックを増やす手段になっているのかはユーザーメニューで調べられます。

「なるほど、Google Analyticsの設計思想を理解しているから、専門家は迷わずにメニュー操作して知りたい指標をすぐに取り出せるんですね」——そのとおりです。ただし、指標をすぐに取り出せるから専門家ではありません。

そもそも企業が運営するWebサイトは、何らかの意味で利益を生み出す手段として運営されています。バナー広告でもアフィリエイト広告でもeコマースでもSaaS (Software as a Service)でも、何らかの形でお金儲けがしたいからGoogle Analyticsでログを解析し、目的があるから、指標を解釈して評価できるのです。

たとえばページビューは多い方が良さそうな気がしますが、回線費用がトラフィック量で請求される場合、売り上げにつながらないページビューは余分な費用の発生源でしかありません。売り上げにつながらないページビューのために高価なサーバーを用意するのは無駄でしかないでしょう。指標の多い少ないはレポートを見れば分かりますが、良い悪いは目的を定めないと合理的には判断できないのです。

[1-2] 使い分けるのがプロ
Google Analyticsと他のツール

Google Analyticsを無料で提供するとグーグルが発表したとき、一部の人は「**有料ツールはもちろん、機能の劣る無料ツールも駆逐されてしまう**」と予想しましたが、実際にはそうはなりませんでした。Google Analyticsはビーコン型のアクセス解析ツールであり、解析方式が異なったり、同じビーコン型でもGoogle Analyticsを上回る性能・機能を持ったりするツールは、Google Analytics登場以降も、有料、無料を問わずそれぞれの特長を活かして生き残ったのです。

では、解析方式の違いは、Google Analyticsにどんな長所を与え、どんな短所をもたらしているのでしょうか。単なる座学では「現場でプロが培った」にはなりませんので、ASCII.jpの実データを使って説明しましょう。

Analyticsが計測できない「ロボットによるアクセス」とは?

「Google Analyticsは無料のうえに機能も豊富。他のアクセス解析ツールを使う理由なんてあるんでしょうか?」──Google Analyticsの機能が豊富であることを否定する人は誰もいません。しかし、**Google Analyticsでは分からないこともたくさんある**のです。たとえば、Webサイトにロボットのアクセスがどれだけあるのかは、Google Analyticsではまったく分かりません。

「ロボット」とは、人間の操作ではなく、自動でWebサーバーにアク

セスするプログラムのことです。「**クローラー**」とも呼ばれる検索エンジンのロボットは、Webページのリンクをたどって、新しいページがないか、更新されたページがないかを探し、Webページの内容を取得していきます。また、RSSリーダーが、定期的にRSSフィードの更新を確認しにくるために実行するプログラムもロボットです。

　こうしたロボットによるアクセスが実際にどのくらいあるのでしょうか。同じグーグルのアクセス解析ツールで、Google Analyticsの元になった「Urchin 6」はロボットによるアクセスを計測し、Google Analyticsはロボットによるアクセスを（完全ではありませんが）無視します[*1]。試しにASCII.jp内のあるドメインについて、Urchin 6とGoogle Analyticsで同じ期間のページビューを見比べてみましょう。それぞれのツールで測ったページビューを集計して作ったのが下のグラフです。

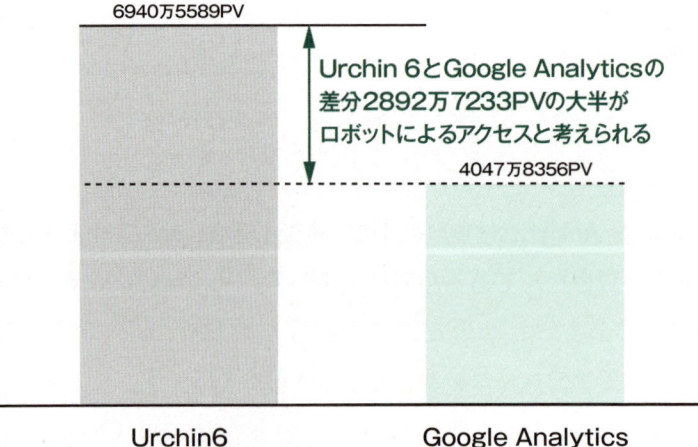

ASCII.jpの同じ期間のページビューでも、Urchin 6とGoogle Analyticsではまったく異なる値になる

Urchin 6では6940万5589ビューなのに対し、同じ期間のGoogle Analyticsでは4047万8356ビュー、その差2892万7233ビューの大半、Urchin 6によるページビューの約42%がロボットと考えられるのです。

　さらに、日ごとの総ページビューとロボットのページビューを調べたのが以下のグラフです。

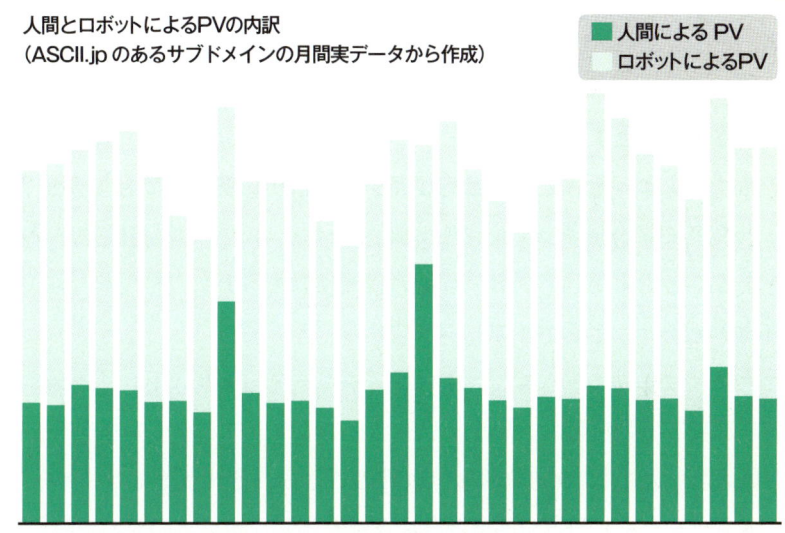

人間とロボットによるPVの内訳
（ASCII.jpのあるサブドメインの月間実データから作成）

この期間の場合、総PVに占めるロボットの割合は33〜53%だった

　ロボットによるアクセスは、日によって変動があり、もっとも多い日では総ページビューの約**53%**、もっとも少ない日でも約**33%**がロボットです。1年を通じてみると、**ロボットによるアクセスの方が人間よりも多い日が数日あり**、「人間以外によるアクセス」というWebのもう1つの側面が見えてきます。

＊1　Urchin 6では、「UTM（Urchin Traffic Monitor）」という機能があり、JavaScriptとCookieによりGoogle Analyticsのようにセッションを記録し、Webブラウザーを識別できる。多くのロボットはJavaScriptの実行機能がないので、UTMを使うことでUrchin 6でもGoogle Analyticsとほぼ同数の解析結果が得られる。

「Urchin 6はどうしてロボットによるアクセスを計測するんでしょうか？　人間以外のアクセスなんて計測する意味すらないでしょう？」――実は、Urchin 6とGoogle Analyticsでは、「アクセス解析」の目的が違います。以下では、アクセス解析の目的について説明しましょう。

アクセス解析の2つの目的 ――サーバー負荷とコンバージョン

「Google Analyticsの目的は、サイトを改善してマーケティングの投資収益率を向上することだ、とGoogle Analyticsのログイン画面に書いてありますよ。それ以外の目的がアクセス解析にあるんでしょうか？」――確かにGoogle Analyticsの目的はマーケティングの投資収益率を向上することですが、アクセス解析の目的にはもう1つ、ITインフラの投資効率を向上させることもあるのです。

アクセス解析はもともと、サーバーやルーターなど、**ITインフラの負荷を調査するのが目的**でした。サーバーやネットワークインフラの価格が低くなったのは1990年代後半以降のことで、それ以前はサーバーもネットワークも、最低限必要な性能を割り出し、予算との兼ね合いでどれだけマージンをとるかで決めるのが一般的でした。Google Analyticsのように、「マーケティングの投資収益率を向上すること」を目的にWebアクセスを解析するのは、ECが盛んになった近年のことです。

ITインフラの負荷を調査するのが 目的のアクセス解析

ITインフラの負荷を調査するのが目的のアクセス解析は、「ログ解析」とも呼ばれます。ApacheやIISなどのWebサーバーがログファイルに記録しているサーバーへのアクセスを解析することで、サーバーの最大負荷を調べたり、存在しないファイルへのアクセスを調べて、本来存在す

るはずのファイルか誤って削除されていたり、壊れていたりしないか確認するのが「ITインフラの負荷を調査するアクセス解析」です。人間もロボットも、アクセスすればサーバーの負荷になるので、Urchin 6のように、ITインフラの負荷を調査することが目的のアクセス解析ツールは、ロボットを無視せずに指標を算出するのです[*2]。

コンバージョン率を計測するのが目的のアクセス解析

　一方、Google Analyticsはコンバージョン率を計測し、ビジネスを改善するためのアクセス解析ツールなので、ロボットを無視し、人間によるアクセスを対象にして指標を算出します。

　コンバージョン率を計測するのが目的のアクセス解析は、PDCAサイクルのうちの「Check」プロセスの手段だ、ともいえます。たとえば月商1000万円という目標を掲げ、トップページから買い物かごページへの到達率を2％に設定し、トップページに着地するリスティング広告を5つのキーワードで出稿する、という対策をとったとしましょう。このとき、トップページに何セッションあり、買い物かごページへの到達が多いのはどのキーワードからなのかを把握し、コンバージョン率を計測するのが目的のアクセス解析です。

アクセス解析ツールを使い分けるには？

　「うーん、アクセス解析の目的が2つあるのは分かりましたが、その論理だと、ロボットの有無でまったく異なる値になってしまうページ

[*2] Urchin 6には、HTTPヘッダーのUser-Agent:フィールドにより、ロボットを識別する機能がある。Googleのクローラーであれば「Googlebot/2.1」、Yahoo Pipesのフィードリーダーであれば「Yahoo Pipes 1.0」のように付いているUser-Agent:フィールドを読み取り、ロボットのアクセスのみを集計できる。

ビューなどの指標は、指標といえるんでしょうか？」──コンバージョン率を計測するのが目的のアクセス解析であっても、ロボットを無視するかしないかは指標を計測するWebサイトに任されています。たとえばWebのアクセス解析を専門とする人々の団体である**WAA（Web Analytics Association）**の用語集では、「Webサーバーの応答コードが200（成功を表す）のとき、Webブラウザーに表示されたら1回と数える」（かなり意訳ですので、正確な定義は「Web Analytics Definitions」[*3]をご覧ください）としか定義されていません。

とはいえ、これではどちらの指標を使えばいいのか分からない、という意見ももっともです。どちらの指標を使った方がいいのか、もう一度整理しましょう。

Google Analyticsは、「Webは人間が使うもの」という概念にもとづいて開発されたアクセス解析ツールです。ページを見たり、物を買ったり、資料を請求したりといった**人間の行動を把握したい場合は、ページビューに限らず、Google Analyticsのようにロボットを計測対象にしないアクセス解析ツールの指標を使うべき**です。

たとえば、ページビューは多い方がいいという理由でUrchin 6など、ロボット込みの指標を使ってしまうと、クリック数÷ページビューで広告のクリック率を計ったとき、「クリック率の低いWebサイト」という評価になってしまうからです。

Google Analyticsのページビューを使うべきではない場合

Google Analyticsは、ロボットによるアクセスを無視しますので、ロボットについての指標は何も調べられません。一方、Urchin 6はサーバー

[*3] http://www.webanalyticsassociation.org/attachments/committees/5/WAA_Web_Analytics_Definitions_20080922_For_Public_Comment.pdf

負荷の調査目的にも使えるアクセス解析ツールですので、ロボットについての指標も調べられます。HTMLファイルや画像ファイルなどのアクセス数(ヒット数)のうち、ロボットによるアクセスの内訳を調べたのが以下のグラフです。

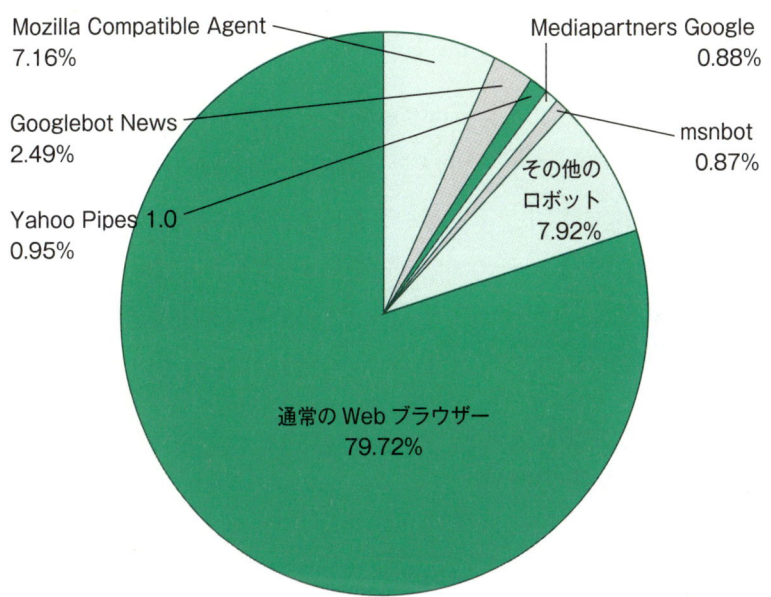

ブラウザーとロボットのヒット数の内訳

　ヒット数に対する内訳なので、ロボットの比率は約20％でページビュー比の場合よりも少なめです。グラフには割合だけ書いてありますが、Googlebotによるアクセスは1秒に1回程度あり、**人間以外のアクセスがWebサーバーへの負担になっている**ことが分かります。

　たとえば、SSI（Server Side Include）でHTMLのバナー広告部分などをサーバーで動的に書き換えてクライアントに送信する場合、ページを要求したのが人間であろうとロボットであろうと、SSIは実行され、CPU

やトラフィックを消費します。このとき、サーバー管理者にGoogle Analyticsの時間当たり最大ページビューを報告しても、的確な指標を伝えたことにはなりません。ロボットは1日のページビューの半分にも達するのですから、Urchin 6のように、サーバー負荷の調査目的にも使えるアクセス解析ツールで指標を調べる必要があるのです。

アクセス解析3方式の比較
――Google Analyticsのメリット、デメリット

「アクセス解析ツールのカタログを見ると、『ビーコン型』『サーバーログ型』『パケットキャプチャ型』という解析方式の分類があるのですが、Google Analyticsがロボットを無視することと解析方式には何か関係があるんでしょうか？」――Google Analyticsの解析方式はビーコン型ですが、ビーコン型だからロボットを無視するわけではありません。アクセス解析の3方式について、メリット、デメリットを見ていきましょう。

ビーコン型のアクセス解析ツールの目的：
コンバージョン率の計測

ビーコン型のアクセス解析ツールは、コンバージョン率を計測し、売り上げを増やし、コストを削減する目的に適しています。この場合の「ビーコン」は、交差点に埋め込まれて夜になると点滅する「自発光道路鋲」や、航路を示すために港付近に浮かんでいる「灯浮標」の意味です。サーバー側にクライアント側から情報を通知するために、WebページにJavaScriptを埋め込んだり、WebブラウザーにCookieを送信して、個々のWebブラウザーを識別したりすることを「ビーコン」と呼んでいるのです。なお、ビーコン型は「タグ埋め込み型」という場合もあります。

Google Analyticsでは集計用のサーバーにWebブラウザーから情報を送信するために、JavaScriptを使っています。Webページを表示したと

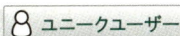

```
<body>
 … ページ本文 …
<script type="text/javascript">
  var _gaq = _gaq || [];
  _gaq.push(['_setAccount', 'UA-123456-7']);
  _gaq.push(['_trackPageview']);
  (function() {
    var ga = document.createElement('script'); ga.type =
'text/javascript'; ga.async = true;
    ga.src = ('https:' == document.location.protocol ?
'https://ssl' : 'http://www') + '.google-analytics.com/ga.js';
    (document.getElementsByTagName('head')[0] || document.
getElementsByTagName('body')[0]).appendChild(ga);
  })();
</script>
</body>
</html>
```

プロファイルID(「UA-123456-7」の部分)を設定したGoogle Analyticsのscript要素をbody要素に追加し、ページの読み込み処理とは別にGoogle Analyticsのサーバーと通信する非同期型のコード

き、解析対象のWebページに埋め込まれた以下のようなコード(ビーコンプログラム)がWebブラウザーで実行され、ユーザーがどのページを読んでいるのか、などの情報をGoogle Analyticsのサーバーに送信しているのです。JavaScriptを使っているので、**window.screen.width**で取得できる画面の横幅、**navigator.platform**で取得できるOSの種類をサーバーに送信できます。Google Analyticsのユーザーメニューで、ユーザーの利用環境に関する情報が集計できるのはJavaScriptのおかげです。

　JavaScriptを使って情報を収集しているので、**JavaScriptに対応していないWebブラウザーはGoogle Analyticsのアクセス解析の対象にはなりません**。クローラーなどのロボットはもちろん、JavaScriptに対応していない携帯電話のブラウザー機能で閲覧しても、そもそもGoogle Analyticsに情報を送信できませんので、集計の対象になりません。

Google Analyticsがロボットを集計しないのは、ビーコン型なのでそもそもJavaScriptが使えない環境からのアクセスを集計していないことの結果です[*4]。

「ということは、JavaScriptに対応したWebブラウザーで見ていても、HTMLにビーコンプログラムが埋め込まれていないと、アクセスがあったことがGoogleのサーバーに伝わらないということでしょうか？」──その通りです。CMSなどのシステムを使ってコンテンツを管理しておらず、手書きのHTMLが膨大に存在する場合、後から1つ1つJavaScriptのビーコンプログラムを追加できない場合もあります。この場合、ビーコン型のアクセス解析ツールでは、Webサイト全体のアクセス状況は把握できないことになります。

ただし、JavaScriptだけではセッションの開始や終了を確認できません。また、個々のWebブラウザーを識別できず、新規ユーザーかリピートユーザーかの区別もできません。そこでGoogle Analyticsのようなビーコン型のアクセス解析ツールは、**Cookieを使ってWebブラウザーを識別**します。企業ネットワークなどでは、複数のパソコンが共通のIPアドレスでインターネットにアクセスしますので、個々のWebブラウザーを識別するには、WebブラウザーごとにIDを割り当て、Cookieに記録するのがもっとも確実な方法だからです。

「ビーコン型という解析方式から、Google Analyticsにも得手不得手があることは分かりましたが、どういう場面で使うのがいいのか分からないです」──では、Google Analyticsを使うべき場合と、少なくとも他のツールと併用した方がいい場合を考えましょう。

[*4] 2009年11月から、一部のアカウントから携帯電話からのアクセスを解析する機能が順次使えるようになっている。PHP、JSP、Perl、ASP.NETのいずれかがサーバー側で動作する環境であれば、設定によってJavaScriptが利用できない携帯電話からのアクセスでも集計できる。

まず、Google Analyticsが得意なのは、

- CMSを導入しており、解析対象となるすべてのWebページにビーコンプログラムを組み込める
- PCユーザーからのアクセスがほとんどで、携帯電話からのアクセスを無視してよい
- eコマースや資料請求など、Webサイトの目標を数値で設定できる

サイトです。逆にいうと、

- CMSを未導入のWebページがあり、解析対象となるすべてのWebページにビーコンプログラムを組み込めない
- 携帯電話からのアクセスも無視できない程度にある
- ブログやメディアなど、Webサイトの目標をアクセス解析の指標では設定しにくい

サイトは、Google Analytics以外のアクセス解析ツールを使ったり、KPI（Key Performance Indicator：重要業績評価指標）をGoogle Analyticsの指標と絡めて算出したりするような工夫が必要になります。

サーバーログ型のアクセス解析ツールの目的：サーバーパフォーマンスの計測

「Google Analyticsのようなビーコン型のアクセス解析ツールは、簡単にいうとマーケティング担当者向けのツールということは分かりました。では、他の解析方式のツールは、システム管理者向きということなのでしょうか？」――解析方式の側面でいえば、サーバーログ型やパケットキャプチャ型のアクセス解析ツールは、システム管理者向きです。

しかし、製品でいうと、解析対象を500万PV未満に制限しているGoogle Analyticsは大規模サイトには向いていませんし（Google AdWordsの広告主は無制限）、たとえ小規模サイトでも、集計に時間がかかるGoogle Analyticsは検索キーワードの変化を瞬時に読み取り、トッ

プページに掲出する見出しを変えて売り逃しを避けたい、といった用途には向いていません。それでもやはり、解析方式の違いが、製品の得意分野を決めてしまうのも確かです。

　サーバーログ型のアクセス解析ツールは、サーバーリソースを計測し、適切なマシンスペックやシステム構成を調べたり、エラーの有無を把握して対応したりするために使います。JavaScriptもCookieも使いませんので、個々のセッションを正確には管理できません。また、ユーザーの利用環境も把握できません。そのかわり、すべてのページにJavaScriptのビーコンプログラムを組み込まなくても、アクセスを解析できるのがメリットです。Google Analyticsの元になったUrchinシリーズは、サーバーログ型のアクセス解析ツールです。

　同じ指標でも、ビーコン型とサーバーログ型では、見る人の立場で意味が違ってしまいます。下の画面は、ASCII.jpのあるサブドメインの、時間帯別のページビューです。

　Webサイトのマーケティング担当者がこのグラフを見れば、
「9時から17時までのワーキングアワーにアクセスが多く、お昼休みと夜から翌朝にかけてのアクセスが少ないということは、勤務時間中に、仕事の調べ物のために使われているWebサイトである。媒体資料には、

9時から17時までのワーキングアワーにアクセスが集中し、12時にアクセスが落ち込んでいる

ビジネスパーソンにリーチするWebサイトと書こう」

　と思うでしょう。一方、サーバー管理者が同じグラフを見たら、
「ページビューのピークは午前11時台なので、11時台のアクセス数を元に考えれば、パフォーマンス上の問題は起きないだろう」
　と思うでしょう。

　サーバーログには画像やCSS、PDFファイルなど、HTML以外へのアクセスログも残っています。Google Analyticsは基本的にHTMLが何回ユーザーに表示されたしか調べられませんが、サーバーログ型のアクセス解析ツールであれば、一番アクセスの多い画像ファイルが何かも分かります。

　サーバーログ型とビーコン型アクセス解析ツールの最大の違いは、この点にあります。たとえば、「全ページの左上に表示されているロゴマーク画像が実は20KBあり、ネットワークトラフィックを食いつぶしている」かどうかは、Google Analyticsのレポートをどんなに見ても分かりません。サーバーログ型ならではのメリットです。

　ただし、**サーバーログ型のアクセス解析ツールでは、個々のサーバーの指標は集計できますが、サーバーの負荷を分散させるため、1つのアドレスに複数のサーバーを割り当てている場合、Webサイト全体の指標は分からなくなります。**複数のサーバーのログを読み込む機能のあるサーバーログ型のアクセス解析ツールもありますので、運用形態に合わせて、導入時に確認するとよいでしょう。Google Analyticsのようなビーコン型のアクセス解析ツールでは、こうした手間はありません。

　なお、サーバーログ型のアクセス解析ツールの多くは、Urchin 6のようにJavaScriptのビーコンに対応しています。純粋な意味での「サーバーログ型」はほとんどなくなっており、ビーコン型とサーバーログ型の境界線はかなり薄らいでいるのが現状です。

パケットキャプチャ型のアクセス解析ツールの目的：
ネットワークパフォーマンスの計測

　パケットキャプチャ型のアクセス解析ツールは、ネットワークリソースを計測し、適切なネットワーク構成を調べるために使います。

　パケットキャプチャ型のアクセス解析ツールは、ネットワーク内に監視用サーバーを設置し、ネットワークを流れるパケットそのものを見るアクセス解析ツールです。HTMLにビーコンプログラムを埋め込む必要もありませんし、複数のWebサーバーがある場合でも、設定さえすれば簡単にアクセスを解析できます。パケットをキャプチャして集計するために専用のサーバーを用意しますので、リアルタイムでアクセス状況が分かるのもメリットです。

　リアルタイムで状況が分かることは、マーケティング担当者にとって重要です。Google Analyticsは集計に1日以上の遅延がありますが、パケットキャプチャ型のアクセス解析ツールを併用すれば、人気キーワードやアクセスが集中しているページをリアルタイムで把握し、即座にコンテンツを更新するなどして対応できます。

　ただし、やりとりがSSLで暗号化されていると、どのURLへのアクセスか判別できませんし、HTTPのやりとりだけでは人間なのかロボットなのか区別するのはまず不可能です。あくまでも、ネットワーク全体のトラフィックを計るのが目的であり、ページビューなどの計測はオマケ機能と思った方がよいでしょう。

[1-3] プロなら知っている「Webトラフィックの基本モデル」

Analytics　Excel

　Google Analyticsには38種類の指標（メトリクス）と66種類の区分（ディメンション）がありますが、アクセス解析を職業にする人でも、すべての指標をつねに把握しているわけではありません。Google Analyticsの専門家は、全体の傾向の変化に気づくための指標と、傾向の変化を説明するための指標を使い分け、すべての指標を毎日観察しなくても、Webサイトの問題やチャンスをいち早く発見できるようにしています。

　そもそも「分析（Analytics）」とは、人間を器官に、器官をタンパク質に、タンパク質をアミノ酸に、アミノ酸を分子に、分子を原子に、原子を原子核と電子に、原子核を量子に、というふうにものごとを細かく分解して考えていく、近代科学のもっとも基本的な方法論のことです。Analyticsにも、Webサイト全体の傾向をとらえるための指標から、個々のコンテンツの傾向をとらえるための指標があり、たとえば同じ「直帰率」という指標でも、解釈できることがまるで異なります。

　「**Analyticsの使い方が知りたいだけなのに、わざわざ難しい話にしている気がしますよ。それぞれの指標はレポートにまとまっているんだから、後は指標の見方さえ教えてくれれば自分で何とかできるのに**」──その考え方は甘すぎます。Google Analyticsのメニューは、原因－結果の順で並んでいますので、ある結果が指標の変化として現れたとき、その原因となる指標は必ず別のメニューにあります。Google Analyticsの設計者もこの問題には気づいているようで、各メニューの概要レポートを見ると、趣旨の異なる指標がさりげなく配置されており、配慮を感じ

Google Analyticsは、38の指標と66の区分からなる元データを加工し、レポートを生成している(Google Analytics Dimensions & Metrics Referenceより)

ますが、完全ではありません[*5]。結局、指標をさっと見て問題やチャンスに気づくには、**Webトラフィック全体をモデルとして理解し、細か**

[*5] 「コンテンツ」メニューは個々のページのパフォーマンスを調べるためのレポートが並んでいるが、「コンテンツサマリー」レポートには、「ユーザー」メニューにあるサイト全体のページビュー数や直帰率が記載されており、全体の傾向と部分的傾向が併記されている。

な事象にとらわれず、全体の傾向をしっかり把握する必要があるのです。

「でも、Webトラフィック全体のモデルなんて話、Google Analyticsのヘルプをどんなに探してもありませんよ。そんなに大事な話なら、書いてあってもいい気がしますが」——確かに、Google AnalyticsのヘルプにはWebトラフィック全体のモデルについて何の説明もありません。しかし、卓上計算機のマニュアルに簿記の説明が書かれていないように、Google AnalyticsのヘルプにWebアクセス解析の基礎知識が書かれていなくても仕方がありません。個々の指標の説明はあっても、どうすればビジネスを改善できるのかの説明がないのは、Google Analyticsがプロ向けのアクセス解析ツールであり、Webトラフィック全体のモデルなど、ユーザーには、プロなら知っていて当たり前の知識が前提として求められているからなのです。

Webトラフィックの基本モデルとは？

　Webトラフィック（traffic：往来）とは、客層の違い、目的の違いをユーザーがWebサイトを訪れるきっかけごとに考えるためのモデルです。訪問のきっかけとは、

- ブックマークやメールマガジンで、URLを直接指定した……ノーリファラートラフィック
- ブログや掲示板などのリンクをたどってきた……参照トラフィック
- GoogleやYahoo!などの検索エンジンで調べた……検索エンジントラフィック

の3つのことです。実店舗に訪れる客を、「常連客」「紹介客」「一見客」に分類するように、「ノーリファラー」「参照」「検索エンジン」に分けて計測します。

ノーリファラー(直接)トラフィック

ブックマークやメールマガジン経由で訪れる**ノーリファラートラフィック**は、元々そのWebサイトの存在を知っている常連客です。**Webサイトへの忠誠心はもっとも高い**と考えられます。

参照サイトトラフィック

ブログや掲示板などのリンクをたどって来る**参照トラフィック**は、常連客からの紹介によって訪れる紹介客です。常連客が自分のブログに書いたり、掲示板に投稿したり、他のWebサイトで掲載されたりしたリンクをたどって訪れます。リンク先のコンテンツに興味を持って訪れますので、**気に入ればたくさんのコンテンツを読んでくれますが、期待に反するコンテンツであればすぐに帰ってしまう**怖い存在です。

検索エンジントラフィック

GoogleやYahoo!などの検索エンジンから訪れる**検索エンジントラフィック**は、目的意識が強い一見客です。**目的に合致したコンテンツがあれば読み進めますが、そうでなければすぐに帰ってしまいます。**

あるユーザーがどこかのページの閲覧を開始してWebサイトを訪れてから、別のWebサイトのページに移動したり、Webブラウザーを閉じたりして閲覧を終了するまでを「セッション」と呼びます。実店舗で言えば、店に入ってから出ていくまでが1つのセッションです。

Webサイトのアクセス解析は、トラフィックの種類とセッション中のユーザーの行動を把握することが基本であり、以下のようなモデルを頭の中に入れておかないと、指標を眺めるだけで精一杯になってしまいます。

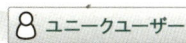

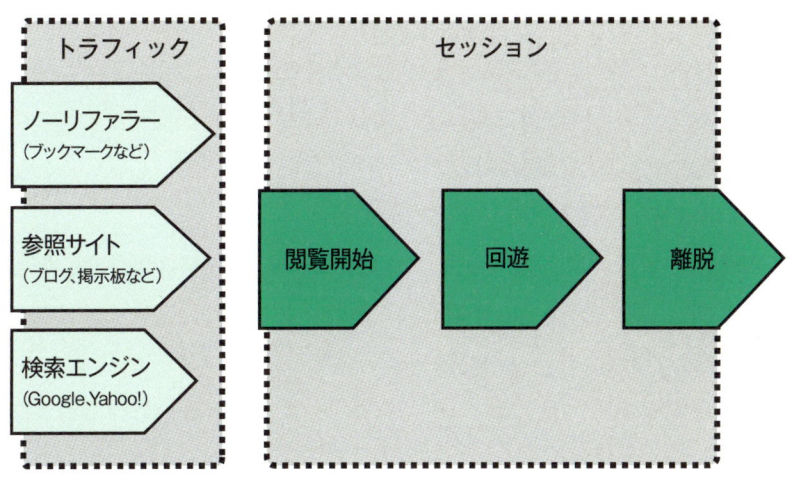

Webサイト解析の基本モデル

「最初のページを読み始めてから、最後のページを読み終えるまでがセッションということは分かるのですが、セッションとトラフィックの関係がよく分からないです」――いきなり専門用語がたくさん出てきたので、混乱させてしまったかもしれません。Webサイトをレストランに例えて、説明しましょう。

トラフィックとは、レストランに訪れるきっかけのことです。常連客ならもともと知っているし、紹介客なら「カボチャのスープが最高」と聞いて訪れたのかもしれません。一見客なら、雑誌の「中華街のレストラン特集」で調べて訪れたのかもしれません。

常連客だからたくさん料理を注文してくれるわけではありません。いつも通りの料理を注文して、さっさと帰ってしまいますが、不満があるわけではないのできっとまた来てくれます。

「カボチャのスープが最高」と聞いて訪れた紹介客は、スープがおいしければ、他の料理も注文してくれるでしょうが、まずければ帰ってしまい、2度と来てくれないでしょう。

クーポン誌の「中華街のレストラン」でお店を見つけて訪れた一見客は、期待通りの中華料理であれば一通り注文して帰るでしょうが、実は中華街にあるフランス料理店であれば、入ってすぐ、何も注文せずに帰ってしまうでしょう。「中華街のレストラン」でユーザーが期待しているのは中華料理であって、フランス料理ではないからです。

　Webの利用目的は、暇つぶしにコンテンツをだらだら見たり、興味のあること、欲しい商品の詳細を調べたり、ある条件に合致する情報や商品を探したりなど、いくつかに分類できます。トラフィックごとにユーザーの行動が違うのは、ユーザーがWebサイトに期待しているコンテンツが異なるからです。セッション中に何ページ見たか、だけではなく、トラフィックごとにセッション中の行動を見ることで、ユーザーが望むコンテンツとWebサイトが提供するコンテンツのギャップに気づき、それがWebサイトの問題やチャンスの発見につながるのです。

アクセス解析はトラフィック分析から始めよう

　Google Analyticsを使う目的は、マーケティングの投資効率を高め、ビジネスを改善することです。しかし、解析対象のWebサイトがどんな姿をしているのか分からなければ、個々の指標に着目して、「上がった」「下がった」「良くなった」「悪くなった」を言っても意味がありません。Webサイト解析の基本モデルを頭に入れて、指標の意味を他の指標との関係で理解し、Webサイト全体の姿を把握しましょう。

　とはいえ、Google Analyticsには解析対象のWebサイトがどんな姿をしているのかを表示する機能がありません。そこで、私がASCII.jpの社内研修用に作ったサマリーシートを紹介します[*6]。

[*6] http://go.ascii.jp/?ga01

[1-3] プロなら知っている「Webトラフィックの基本モデル」

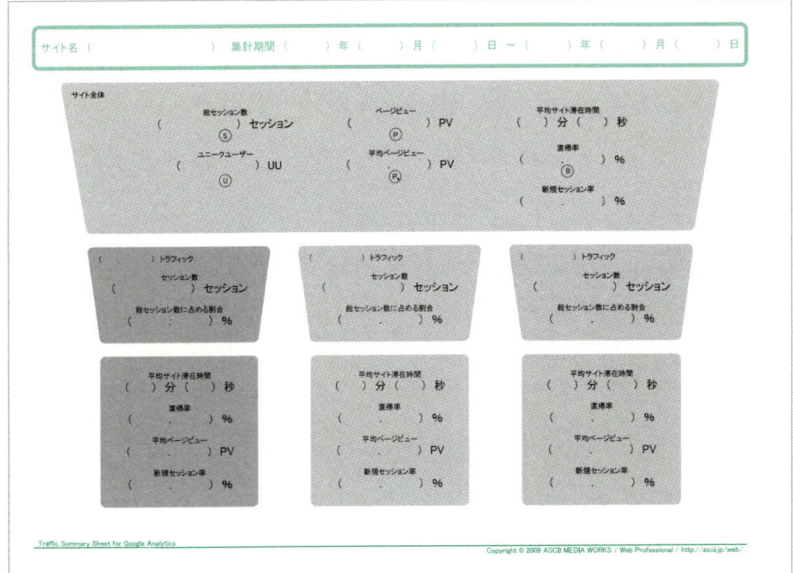

トラフィックサマリーシート。Webサイト
からPDFデータをダウンロードできます

　トラフィックサマリーシートにGoogle Analyticsの指標を記入すると、Webサイトの全体を把握するための指標と、トラフィック別の指標に違いがあることが実感できますので、アクセス解析の初心者でもWebサイトの全体像を把握できます。グレーの「サイト全体」の部分はGoogle Analyticsの「**ユーザー**」→「**概要**」にある「**ユーザーサマリー**」レポートの指標を記入してください。ノーリファラートラフィックは「トラフィック」→「ノーリファラー」、参照トラフィックは「トラフィック」→「参照サイト」、検索トラフィックは「トラフィック」→「検索エンジン」のレポートで該当する指標を記入してください。

　すべての指標を記入すると、**セッション中のユーザーの行動が、Webサイトへの流入経路ごとに異なる**ことが分かるはずです。次ページの表は、ASCII.jpのあるサブドメインの指標です。

　このサブドメインはまだ若く、ユーザーにあまり浸透していません。

	ノーリファラー	参照サイト	検索エンジン	全体
セッション数	3,252	8,621	3,394	15,267
全体に占める割合	21.30%	56.47%	22.23%	-
ユニークユーザー	-	-	-	10,776
ページビュー	-	-	-	28,934
平均サイト滞在時間	56秒	58秒	1分7秒	59秒
直帰率	73.80%	67.31%	67.24%	68.68%
平均ページビュー	1.64PV	1.85PV	2.24PV	1.89PV
新規セッション率	45.82%	63.87%	69.86%	61.30%

　それでも、ノーリファラーの直帰率が全体の直帰率よりも若干高く、「**常連客がコンテンツの更新を確認するために訪れているので、1ページの閲覧で終了するセッションが多くなり、直帰率を高めているのではないか？**」という仮説が立てられます。この仮説は、ノーリファラーの平均ページビューが全体よりも少し低く、ノーリファラーの新規セッション率が全体よりも明らかに低いことから蓋然性が高いでしょう。

　一方、参照トラフィックは全体の約56％を占めており、全体よりも直帰率や平均ページビューがやや少なめであることから、「**参照されているのはトップページで、個別のコンテンツは読まれていない**」と推定できます。また、参照サイトよりも検索エンジンからのトラフィックの方が、平均サイト滞在時間が長く、平均ページビューが多く、新規セッション率が高めであることから、「検索エンジンでユーザーが調べているキーワードと、コンテンツの相性がよい」という仮説も立てられます。

　こうして指標を眺めながら、「トップページ以外で参照されているのはどのページなんだろうか？」「どんなキーワードで到達することが多いのだろうか？」という好奇心が生じたら、それがWebアクセス解析の入り口です。いらっしゃいませ。

第 2 章

リファレンス編
Google Analyticsの使い方

Google Analyticsには66種類以上のレポートがあります。第2章では主要なレポートの意味と基本的な見方を説明します。また、Google Analyticsを本格的に活用する際に必須となるレポートの設定や便利なカスタマイズ機能についても解説します。

[2-1] アカウントとプロファイルの必須設定はこれだ！！

Google Analyticsには、サイト内検索やeコマースなど、設定しなければ表示されないレポートがあります。[2-1]、[2-2]、[2-3]では、プロファイルやフィルタなど、Google Analyticsを使いこなすための設定を紹介します。また、マイレポートやインテリジェンス、カスタムレポート、アドバンスセグメントなどのカスタマイズ機能についても説明します。

Google Analyticsのアカウントとプロファイル

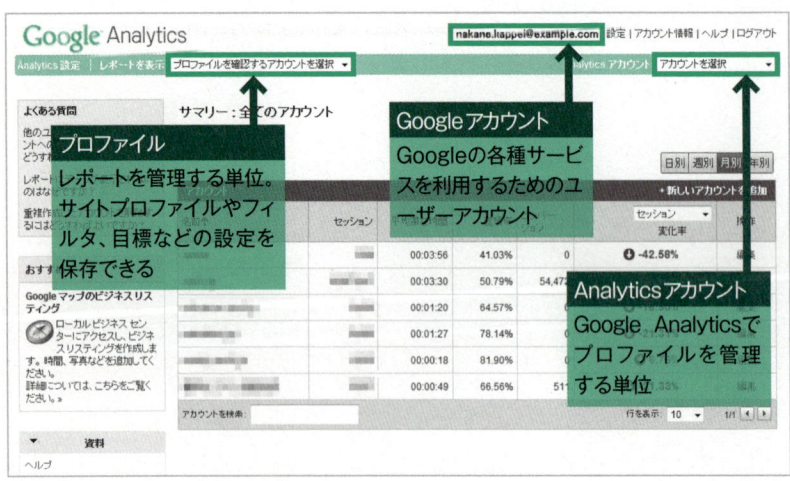

Google Analyticsのアカウント、プロファイル

　Google Analyticsのレポートは、「アカウント」や「プロファイル」によって管理されています。しかし、「Googleアカウント」と「Analyticsアカウン

ト」が紛らわしい上に、サイトの指標をそのまま読むためのプロファイルと、フィルタによって切り口を変えて読むためのプロファイルがあり、しっかり使おうと思うとやや敷居が高くなっています。まずはアカウント、プロファイルの意味を説明しましょう。

Googleアカウント

　Googleアカウントは、Googleの各種サービスを利用するためのユーザーアカウントのことです。Google Analyticsに申し込んだり、利用したりするには、事前にGoogleアカウントを持っている必要があります。Google AnalyticsはGoogleの広告サービスであるAdWordsと連携してキーワードごとのコンバージョンなどの指標を分析できます。Google AnalyticsにおけるGoogleアカウントの役割は、ユーザー管理と、初期登録時にAnalyticsとAdWordsのアカウントを結びつけることです。

ログイン中のGoogleアカウントは、画面右上に表示される

Analyticsアカウント

　Analyticsアカウントは、Google Analyticsでプロファイルを管理する単位です。あるアカウントの管理者は、アカウント内のすべてのプロファイルの管理者になり、一般ユーザーはプロファイルごとに閲覧権限を付けられるので、Analyticアカウントは組織内の管理権限ごとに取得するのがよいでしょう。たとえば、社内にサイトが3つあり、Webマーケティング部が3サイトすべてを管理者権限で利用し、担当部署はそれぞれのサイトを管理者権限で利用する場合、Analyticsアカウントはサイトごとに3つ作成するとよいでしょう。どのGoogleアカウントが管理者権限を持つのかはAnalyticsアカウントとは別に設定できますし、管理者権限を持つ

Googleアカウントでログインすれば、そのユーザーの管理画面にはすべてのAnalyticsアカウントが表示されるので、Analyticsアカウントを使い分けても使い勝手の上で支障はありません。

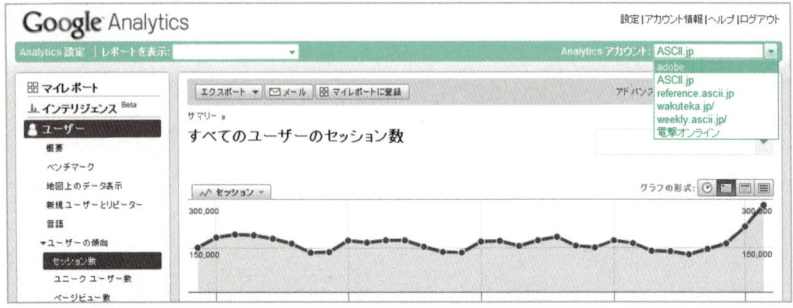

Googleアカウントに関連づけられたAnalyticsアカウントは、画面右上の「Analyticsアカウント」ドロップダウンに表示される

アカウントの一覧はGoogle Analyticsのトップ画面に表示される

サイトの1つめのプロファイル

プロファイルは、レポートの設定セットのことです。eコマースサイトであるかの設定や通貨単位などのサイトプロファイル情報、フィルタ、

目標などの設定をプロファイルごとに保存できます。Analyticsアカウントを登録するときにプロファイルも一緒に作られるため、Analyticsアカウントとサイトの1つめのプロファイルは混同しがちですが、**レポートを管理する単位がプロファイルで、プロファイルを管理する単位がAnalyticsアカウント**です。

サイトの1つめのプロファイルには、最小限の
フィルタのみ適用して全貌を把握するとよい

サイトの2つめのプロファイル

　プロファイルはAnalyticsアカウントごとに最大50まで作成できます。サイトに2つ以上のプロファイルを割り当てることで、あるサイトの特定

のディレクトリのみ、特定のブラウザーからのアクセスのみ、といったフィルタ済みのレポートを作成できます。

　メディアサイトで、記事URLがディレクトリで分類されている場合や、eコマースサイトで商品URLがディレクトリで分類されている場合など、コンテンツがディレクトリで分類されている場合は、1つめのプロファイルでサイト全体の指標を管理し、2つめ以降のプロファイルでそれぞれのカテゴリーをプロファイルで別に集計しておくと、より詳細にコンテンツのパフォーマンスを計測できます。

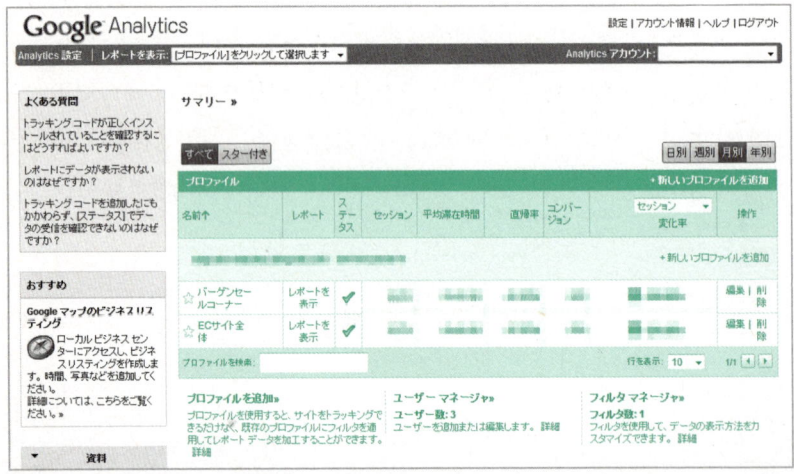

サイトの2つめ以降のプロファイルは、サブディレクトリや特定カテゴリーへのアクセスなど、1つめのプロファイルの一部を切り取って把握したいときに使うとよい

[2-2] 正確な計測に欠かせないサイトプロファイル設定

　アカウントとプロファイルの意味を理解できたら、Analyticsの設定に入りましょう。[2-2]では、サイトプロファイル情報、フィルタ、目標などを設定する「プロファイル設定」の各項目について説明します。

　プロファイルは、Google Analyticsのレポートを集計するときの設定セットのことです。Analyricsアカウントによってグルーピングされ、ユーザーのレポート閲覧権限やフィルタなどの設定がプロファイル単位で管理されます。プロファイル設定は、Analyticsのトップからアナリティクスアカウントを選択し、プロファイルの一覧から「編集」をクリックすると変更できます。

「サイトプロファイル情報」とは？

　サイトプロファイル情報は、アクセスを集計するWebサイトの基本情報です。プロファイル設定の「サイトプロファイル情報」のタイトル右側にある「編集」をクリックすると変更できます。

プロファイル設定から、「サイトプロファイル情報」の横にある「編集」
リンクをクリックすると、サイトプロファイル情報を変更できる

プロファイル名

　プロファイル名は、デフォルトではサイト名が設定されます。サイトで複数のプロファイルを利用するときは、「ASCII.jp広告企画」のように、

サイト名と用途を指定するとよいでしょう。

ウェブサイトのURL

ウェブサイトのURLを「http:」から入力します。

デフォルトのページ

Apacheであればindex.html、IISであればdefault.htmのようなWebサーバーで設定するデフォルトページを設定します。

タイムゾーン

Webサイトの主要なタイムゾーンを設定します。日本向けのサイトであれば「GMT+09:00」を指定します。なお、Google AdWordsと結びついたAnalyticsアカウントの場合、タイムゾーンはAdWordsの設定が使われ、サイトプロファイル情報ではタイムゾーンを変更できません。

また、初期のAdWordsはタイムゾーンの設定がなかったため、AdWords側のタイムゾーンが米国時間になっていることがあります。この場合はグーグルに申し出ることで、1度だけタイムゾーンを変更できます。

URLクエリパラメータを除外

URLに集計上不要なパラメータが含まれている場合に設定します。たとえば、動的なWebページでURLがセッションIDを含んでいると、Google Analyticsは別のURLへのアクセスとして集計してしまいます。セッションIDが「http://www.exmaple.com/?sid=12345678」のような形式であれば、除外するURLクエリパラメータとして「sid」を指定します。

通貨の表示

レポートに表示される通貨単位を指定します。事業部の管理会計で用いる通貨を指定するとよいでしょう。

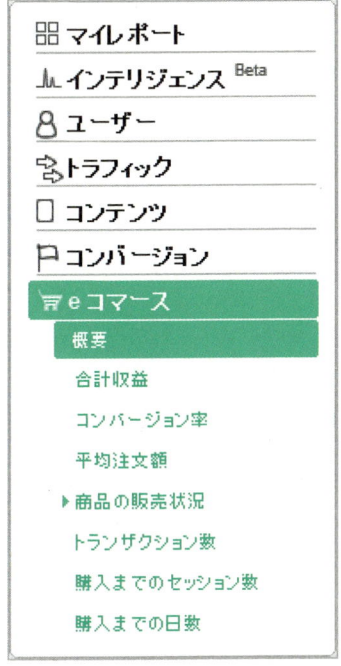

「eコマースサイトです」を選ぶと、左側のメニューに「eコマース」が現れる

eコマースウェブサイト

「eコマースサイトです」を選ぶと、Google Analyticsのメニューに「eコマース」が表示されます。

サイト内検索

「サイト内検索レポートを有効にする」を選ぶと、「コンテンツ」→「サイ

「サイト内検索レポートを有効にする」を選ぶと、「コンテンツ」→
「サイト内検索」メニュー内のレポートが有効になる

ト内検索」メニュー内のレポートが有効になります。**サイト内検索は多くのサイトが対応していますが、Analyticsで分析するためには設定が必要**です。初めてサイトを登録するとき、サイト内検索の設定もあわせてしておくとよいでしょう。

クエリパラメータ

サイト内検索で用いるクエリパラメータを指定します。たとえばサイト内検索で「Keyword」を検索したときのURLが「http://www.example.com/?q= Keyword」の場合、クエリパラメータとして「q」を指定します。

URLからクエリパラメータを削除する

サイト内検索のURLに集計上不要なパラメータが含まれている場合に設定します。

カテゴリ内検索を使用していますか？

　Webサイトのサイト内検索に、キーワードの検索対象を特定のカテゴリに絞り込む機能があるときに「はい」を選びます。

カテゴリパラメータ

　カテゴリ検索機能に対応しているとき、カテゴリを表すURLのパラメータ名を指定します。たとえばサイト内検索で「椅子」を検索するとき、検索対象を「アンティーク」に絞り込んだ場合のURLが「http://www.exmaple.com/?q=椅子category=アンティーク」だとしたらカテゴリパラメータには「category」を指定します。

URLからカテゴリパラメータを削除する

　カテゴリ内検索のURLに集計上不要なパラメータが含まれている場合に設定します。

「目標」を設定するには？

　目標を設定しないアクセス解析は無意味です。広告モデルのメディアサイトであれば広告ページの表示やバナーのクリック、eコマースサイトであれば購買など、何らかの目標を必ず設定しましょう。2009年10月の機能向上で、単純なURLへのアクセスだけでなく、サイト滞在時間やセッション中のページ数も指定できるようになりました。最大4つの目標セットごとに5つの目標を、合計で最大20まで設定できます。

　なお、目標は一度設定すると、内容を変更できても、目標の項目そのものは削除できません（無効にすることはできます）。目標をテストしたい場合は、プロファイルを別に作って、実験が終わったらプロファイルごと削除するのがよいでしょう。

　目標には、「URLへのアクセス」「サイト滞在時間」「セッションあたりの閲覧ページ数」の3タイプがあります。

各プロファイル「プロファイル設定」ページで、現在プロファイルに適用されているゴールを確認できる

「URLへのアクセス」の目標設定

URLへのアクセスをWebサイトの目的達成とみなせる場合に使います。ショッピングサイトで買い物かごの確認→発送先の入力→金額の確定→決済方法の選択→注文確定のように、ユーザーが一定の経路をたどることが分かっているのであれば、マッチタイプを「完全一致」、目標URLとして「/confirm.html」のようなファイル名を入力します。メディアサイトの企画広告のように目標ページが曖昧でも、企画広告が「/ad/」ディレクトリの下位に集まっているのであれば、マッチタイプを「前方一致」、目標URLとして「/ad/」のようなディレクトリ名を入力します。

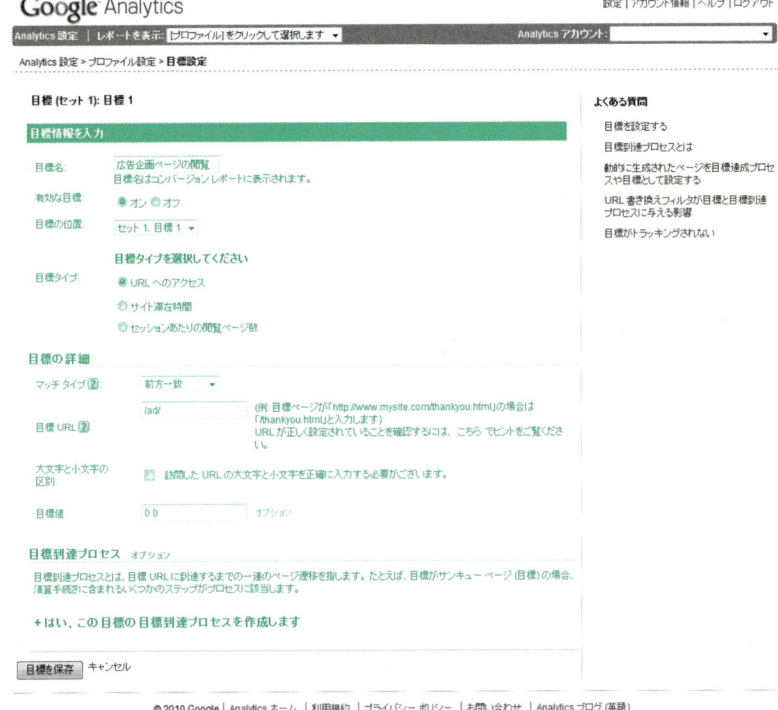

特定のファイルやディレクトリへのアクセスが目標の場合は目標タイプを「URLへのアクセス」にする

「サイト滞在時間」と「セッションあたりの閲覧ページ数」の目標設定

　「サイト滞在時間」と「セッションあたりの閲覧ページ数」の目標設定
　URLへのアクセスをWebサイトの目的達成とみなせない場合に使います。たとえばプロモーションサイトで3分間の動画を見てもらってから簡単なクイズを出して正解ページに誘導する場合、単に正解ページを目標に設定しても、あらかじめ答えを知っていたのか、ブランドについて理解を深めてもらってから正解ページを訪れたのか分かりません。サイト滞在時間の下限が分かる場合は、目標を「サイト滞在時間」にするとよいでしょう。

「サイト滞在時間」は、時、分、秒を「上回る」「下回る」アクセスをコンバージョンとして集計する

[2-2] 正確な計測に欠かせないサイトプロファイル設定

　プロモーションサイトでも動画を使っていない場合など、サイト滞在時間の下限を算出しにくい場合は目標を「セッションあたりの閲覧ページ数」にするとよいでしょう。たとえば初回訪問から購入までに時間のかかる白物家電のような高額で、購入頻度が低い商品の場合、注文確定ページだけを目標ページにはしにくいことがあります。欲しい商品をじっくり選んでもらいやすいことがサイト設計の意図だとすれば、たとえ注文確定ページに到達しなくても、さまざまな商品を比較検討してもらうことが最終的なWebサイトの目標を達成することにつながります。

「セッションあたりの閲覧ページ数」は、ページ数が「上回る」
「等しい」「下回る」アクセスをコンバージョンとして集計する

「フィルタ」を設定するには？

　フィルタは、レポートを集計するときの条件のことです。ドメイン名、IPアドレス、ディレクトリが指定した条件に合致（完全一致、前方一致、後方一致、含有）したときだけ集計したり、除外したりできます。たとえば、社内からのアクセスを除外するには、企業ネットワークのインターネットアクセス用回線の固定IPアドレスを指定します。

　WebアーカイブにGoogle Analytics用のコードごと保存された場合、Webサーバーに直接アクセスがないのにAnalytics用のJavaScriptがユーザーのWebブラウザーで実行され、集計されてします。ホスト名として自社サイトに一致したアクセスのみ集計するように設定すれば、他サイトへのアクセスを集計から除外できます。

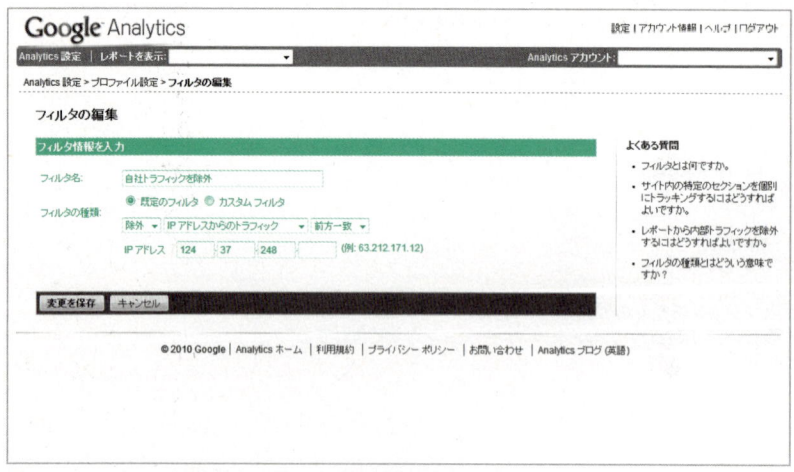

社内からのアクセスが集計されないようにするには、「除外」、「IPアドレスからのトラフィック」、「完全一致」を選び、IPアドレスを指定する（IPアドレスの範囲を指定するときは、「前方一致」を選んでIPアドレスを途中の桁までの指定する）

[2-2] 正確な計測に欠かせないサイトプロファイル設定

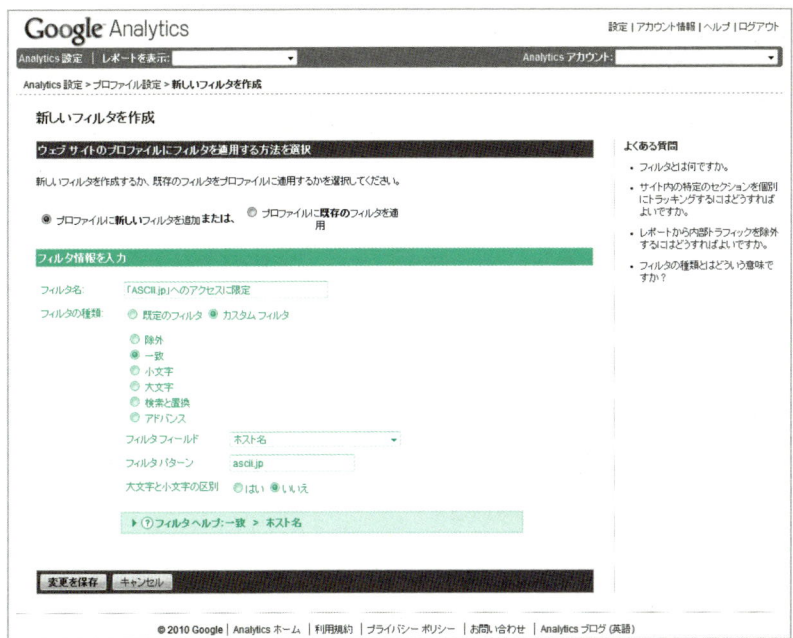

ホスト名として自社サイトに一致したアクセスのみ集計するように設定するには、「カスタムフィルタ」、「一致」、「ホスト名」を選び、フィルタパターンにホスト名を入力する

[2-3]
Google Analyticsの カスタマイズ機能

　Google Analyticsには、よく使うレポートを登録できる「マイレポート」や、指標の変化に応じて自動的にアラートを出す「インテリジェンス」など、担当者の仕事を助ける機能があります。また、「カスタムレポート」、「アドバンスセグメント」などの機能を使えば、標準のレポート機能だけでは難しい詳細な分析ができます。[2-3]では、Google Analyticsのカスタマイズ機能について説明します。

「マイレポート」を活用するには？

　「マイレポート」は、Google Analyticsのログイン直後に表示される概要ページです。各レポートの上部にある「マイレポートに登録」ボタンを押すと、マイレポートページに追加されます。マイレポート内の位置は、ドラッグして変更できます。レポートで適用したフィルタごとマイレポートに登録できますので、フィルタ済みのレポートを呼び出すメニューとしても使えます。

各レポートの上部にある「マイレポートに登録」ボタンを押す
とマイレポートページにレポートを追加できる

　マイレポートには上下左右にグラフが並びますので、異なるレポートを対比する目的でも便利です。たとえばコンバージョン数と検索エンジン経由のセッション数や、Webサイトのブランドキーワードでフィルタ

した検索エンジン経由のセッション数とコンバージョン率の折れ線グラフの形を毎日見比べれば、ユーザーがどのようにWebサイトを利用しているのかを直感的に理解できます。また、タイトル別コンテンツのセッション数と閲覧開始ページのセッション数の順位の違いから、サイト内の回遊で生まれるページビューと、検索エンジンや参照サイト経由のトラフィックで生まれるページビューの傾向の違いにも気づけます。

マイレポートは概要を把握するためのサマリーページとしても使えるが、グラフの形やリストの順序の違いを瞬時に気づくための分析ツールとしても使える

「インテリジェンス」を活用するには？

　「インテリジェンス」は、2009年10月に追加された新機能です。**自動ア ラート**と**カスタムアラート**があり、自動アラートは日別、週別、月別に「イ ンテリジェンス」メニューのレポートとして表示されます。セッション数 が全体的に増減したかだけでなく、どの地域からのセッション数が増減 したのか、どのキーワードのセッション数が増減して検索トラフィック 全体のセッション数が増減したかまで表示してくれます。さらに**自動ア ラートの項目から「セグメントの作成」リンクをクリックするとアドバン スセグメントを作成できますので、変化の元になる重要な成分を抽出し、 サイトをより深く理解する「きっかけ」にもなる**でしょう。

[2-3] Google Analyticsのカスタマイズ機能

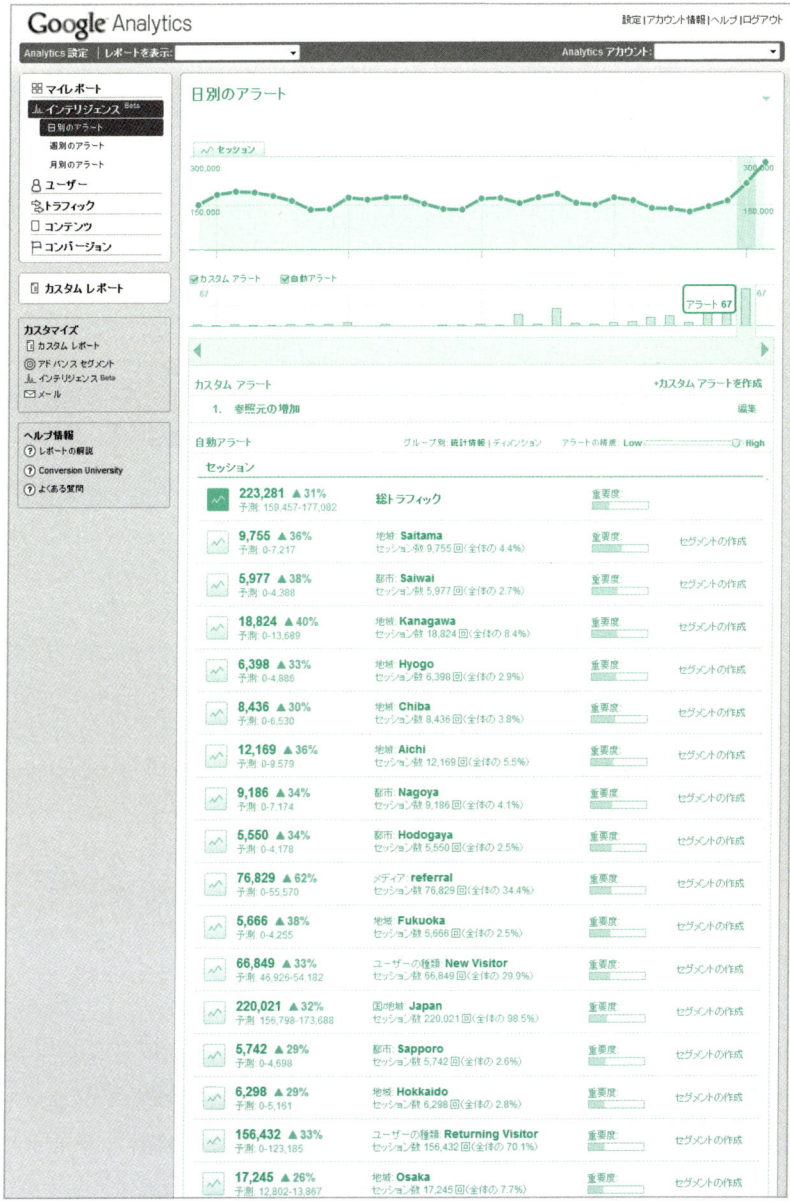

マイレポートを見慣れないうちは、インテリジェンスの自動
アラートを見て、指標の変化に気づくとよいかもしれない

カスタムアラートを使うと、インテリジェンス機能をカスタマイズし、さらにメールでの通知まで設定できます。たとえば、Webサイトの「炎上」に1日遅れでも気づくには、アラート条件の適用対象に「メディア」、条件に「完全一致」を選び、値に「referral」を入力し、「次の場合に通知する」に「セッション」、条件に「増加の割合％以上」、値に「15」％、次と比較に「前日」を入力するとよいでしょう。

Google Analyticsで自社サイトを分析し、指標の変化がどうコンバージョンやブランド価値に結びつくか理解したら、カスタムアラートを使って日々の分析作業を軽減するとよい

「カスタムレポート」を活用するには?

　「カスタムレポート」は、レポートに表示される指標(メトリクス)や区分(ディメンション)をカスタマイズするための機能で、2008年10月に追加されました。標準のレポートでは深い階層にあって操作が面倒だったり、必要な指標が表示されなかったりするとき、自社専用のレポートを作成するための機能です。

　カスタムレポートは、「カスタムレポート」メニューから選んで表示します。「カスタムレポート」→「カスタムレポートを管理」メニューまたは「カスタマイズ」→「カスタムレポート」から「カスタムレポートサマリー」を表示し、「+カスタムレポートを新規作成」のリンクをクリックしてレポートを作成します。

　ただし、カスタムレポートはGoogle Analyticsを使いこなしてからでも遅くはないでしょう。確かにカスタムレポートを使えば標準のレポート以外の指標が取れますが、Webサイトの目的をしっかり把握するのは、標準のレポートだけでもほとんどの場合は十分です。どうしても標準のレポートでは把握できない指標に気づいたときカスタムレポートを使うようにしないと、結局は指標に踊らされるだけです。

　以下は、ASCII.jpの記事のパフォーマンスをページビューとユニークユーザーの両面で計測するために作ったカスタムレポートです。それぞれのURLについて、「記事のページビュー」タブではページビュー、ページ別セッション、平均ページ滞在時間、離脱率を把握し、「記事のユニーク」タブではユニークユーザー数、新規セッション数、新規セッション率を把握できます。2つのレポートビューを見比べることで、ページビューを集めたのはどの記事か、ユニークユーザーを集めたのはどの記事なのかを一覧できます。

ASCII.jpの記事のパフォーマンスを、ページビューとユニークユーザーの両面で計るために作った「記事のパフォーマンス」レポート

「アドバンスセグメント」を活用するには?

　「アドバンスセグメント」は、レポートに表示される指標をさらに詳しく見るための機能で、2008年10月に追加されました。レポートの内容を複数の条件でフィルタできるのが特徴で、既存のレポートと組み合わせて、より詳細に指標を理解したいときに使います。
　アドバンスセグメントは、各レポートの右上にあるアドバンスセグメ

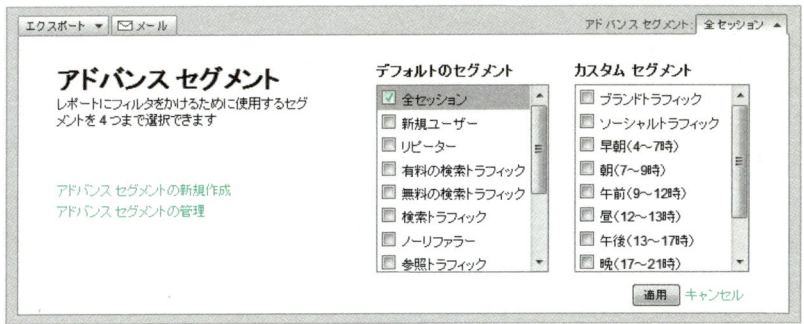

アドバンスセグメントを使うと、レポートの
指標を別の切り口で分析できる

ントメニューから適用するセグメントを選んで使います。デフォルトでも新規ユーザー、リピーター、検索トラフィック、ノーリファラー、参照トラフィックなどが用意されており、指標をトラフィック別に理解するのに非常に役立ちます。ただし、アドバンスセグメントは、アドバンスセグメントなしの全セッションを含めて最大4つまでしか適用できず、Webサイトのアクセス数が多い場合はサンプル値になるため、データの信頼性もあまり高くありません。レポートの期間やデータの量によっては計算に長い時間がかかるなどの難点もあります。

　アドバンスセグメントを使ったレポートでお勧めなのが「ブランドトラフィック」の分析です。ノーリファラーはブラウザーのブックマークやメールマガジン、RSSフィードからの訪問ですので、ユーザーはWebサイトの「常連客」と考えられます。また、ASCII.jpであれば「アスキー」や「ASCII」といったブランドキーワードでWebサイトに訪れるユーザーも、ノーリファラーほどではないにしろ、Webサイトの「準常連客」と考えてよいでしょう。アドバンスセグメントを使えば、こうしたユーザーをひとまとめにして、閲覧を開始したページやよく読まれたページのタイトルを分析できるのです。

ノーリファラートラフィックまたはキーワードとして「アスキー」または「ascii」を含む検索トラフィックを「ブランドトラフィック」としてアドバンスセグメントを作成したところ

　SNSやブログ、ソーシャルブックマーク、Twitterなどのソーシャルメディアからのセッションを「ソーシャルトラフィック」として分析するのも面白いでしょう。参照元サイトとしてSNSや主要なブログサイト、Twitterなどを登録しておけば、ノーリファラー、参照サイト、検索エンジンに次ぐ、第4のトラフィックとして「ソーシャルトラフィック」を分析できます。特にメディアやプロモーションサイトのように、CPC（Cost Per Click：クリック単価）やCPA（Cost Per Action）だけではWebサイトの効果を計りにくい場合にお勧めです。

[2-3] Google Analyticsのカスタマイズ機能

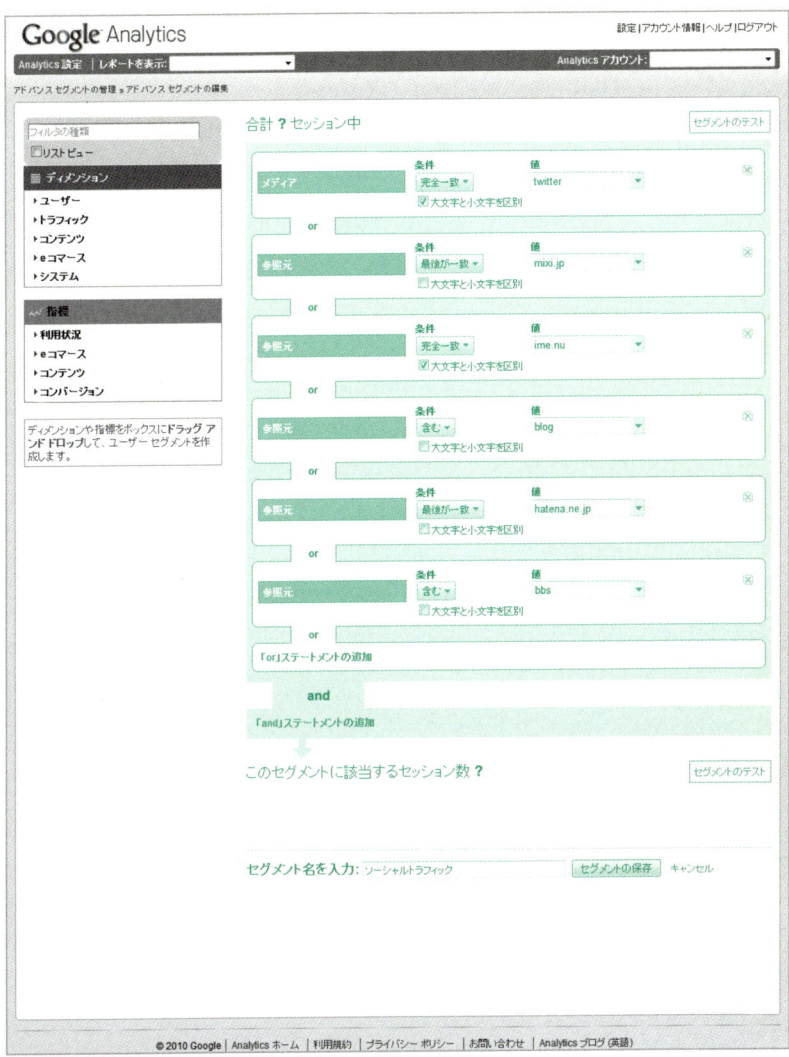

メディアとして「Twitter」、参照元として2ちゃんねる(ime.nu)やはてな(hatena.ne.jp)、ブログ、掲示板と推定できるドメイン名からのトラフィックを「ソーシャルトラフィック」としてアドバンスセグメントを作成したところ

メール

　Google Analyticsのすべてのレポートは、メールで自動送信できます。Googleアカウントを持っていないユーザーや、すべての指標を見られては困るユーザーに対して、特定のレポートを定期的に自動送信すると便利です。「カスタマイズ」→「メール」メニューを使うと、設定済みのメール送信スケジュールを確認したり、送信先や送信形式を変更したりできます。

メール送信は各レポートで登録後、「メール」
メニューで設定を変更できる

[2-4] 属性や使用環境が分かる「ユーザー」レポート

　Google Analyticsには、63種類以上のレポートがあります。それぞれのレポートには、テーブル、割合、掲載結果、比較、ピボットなどの表示形式があり、標準の表示形式であるテーブル形式よりも、他の表示形式の方が指標をより理解しやすい場合も多くあります。[2-4]、[2-5]、[2-6]では、「ユーザー」、「トラフィック」、「コンテンツ」の各メニューについて、レポートの基本的な見方を紹介します。

「地図上のデータ表示」レポート（Map Overlay）

　「地図上のデータ表示」レポートでは、Webサイト全体のセッション数、平均ページビュー、平均サイト滞在時間、新規セッション率、直帰率を「都市」「国/地域」「亜大陸」「大陸」別に確認できます。Webサイトが各国語で利用できる場合は、それぞれの国や都市別に指標を比較できて便利です。

　この本を読んでいる人にとってのユーザーは大半が日本に住んでいるはずです。「Japan」からのセッション数が多いのは当たり前で、普段はあまり活用することがないでしょう。ただ、Webサイトが英語でも利用可能な場合、英語が話されている国や地域とそうでない国や地域で直帰率や平均ページビューに違いがないかを確認する方法くらいは知っておくべきです。次ページの画面では、表示形式を「比較」にして、Webサイト全体の直帰率と各国の直帰率を比較しています。すると、「United States」、「Germany」、「Canada」、「Czech Republic」といった欧米では直帰率が高く、

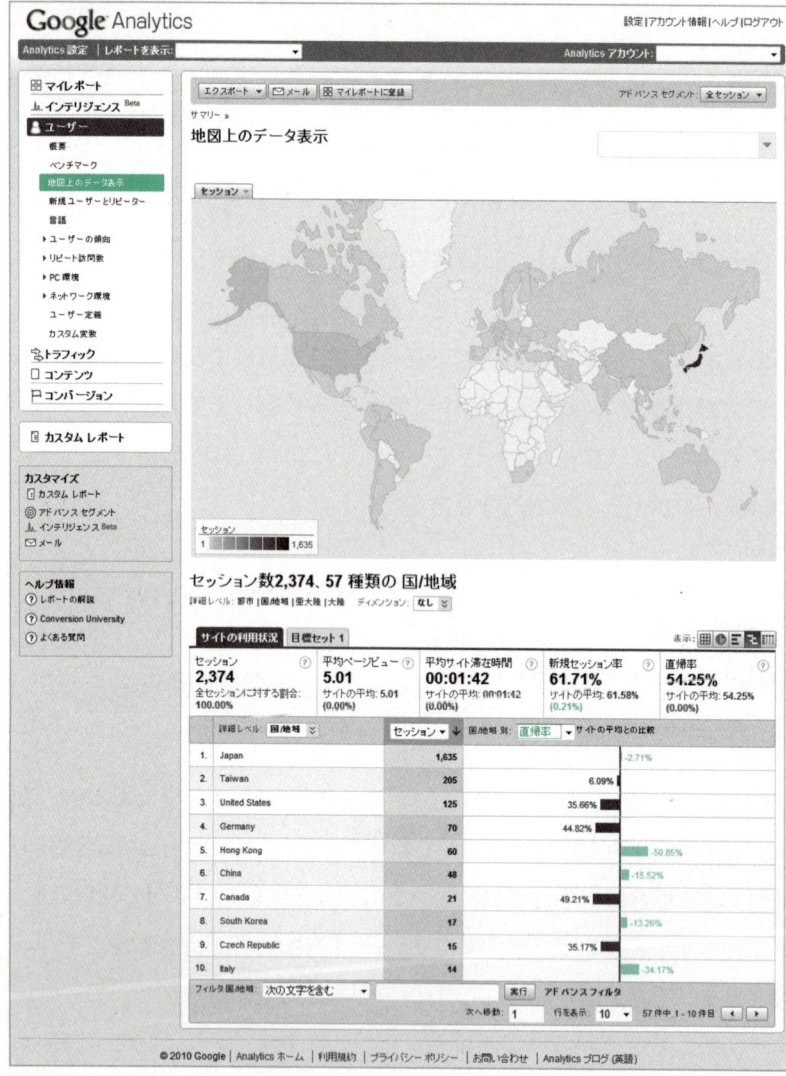

「ユーザー」→「地図上のデータ表示」

「Hong Kong」、「China」、「South Korea」のアジア圏では直帰率が低いことが分かります。Webサイトで使われている英語が、海外でみかけるおかしな日本語のような状態になっていないか、確認するとよいでしょう。

「新規ユーザーとリピーター」レポート
(News vs. Returning)

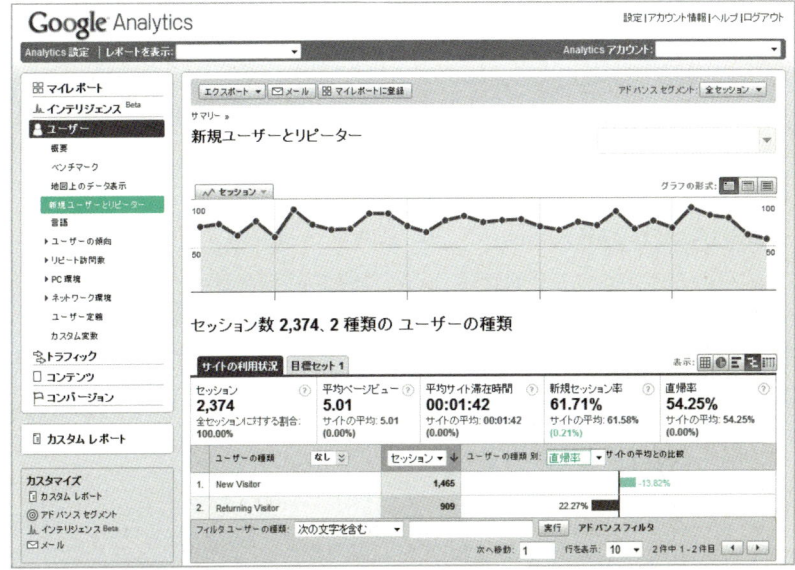

「ユーザー」→「新規ユーザーとリピーター」

　「新規ユーザーとリピーター」レポートでは、Webサイト全体のセッション数、平均ページビュー、平均サイト滞在時間、新規セッション率、直帰率をユーザーの種類別に確認できます。同規模サイトの新規ユーザー率はベンチマーク機能で分かりますが、新規ユーザーとリピーターの理想的な割合はありません。

　Webサイトの開設から時間がたっていても新規ユーザー率の割合が高いことは、新しいユーザーを引き寄せる施策（広告や商品、コンテンツの魅力）が成功していることを意味します。また、リピーターの割合が高いことは、魅力的なコンテンツを継続的に提供している、検索エンジンの検索結果の上位に表示され続けているなどの原因が考えられます。

　表示形式を「比較」にして新規ユーザーとリピーターの平均ページ

ビュー、平均サイト滞在時間、直帰率を比較し、どのような違いがあるか確かめたり、表示形式を「ピボット」にしてトラフィック別に指標の違いがあるか確認するとよいでしょう。たとえば上記の場合、新規ユーザーの方が直帰率が低いことから、何かを探しているユーザーにとって、一見価値の高いコンテンツに見えるものの、リピーターにとっては、「ここはあまりよいコンテンツがないサイト」と思われている可能性があります。

「言語」レポート（Languages）

　「言語」レポートでは、Webサイト全体のセッション数、平均ページビュー、平均サイト滞在時間、新規セッション率、直帰率を言語別に確認できます。Webサイトが各国語で利用できる場合は、それぞれの言語別に指標を比較できて便利です。

　「地図上のデータ表示」レポートと同じく、本書の読者にとってのユーザーは大半が日本人のはずです。「Ja」（日本語）からのセッション数が多いのは当たり前の話で、活用する機会はあまりないでしょう。ただ、Webサイトが英語でも利用可能な場合、英語でWebを利用する人とそうでない人で直帰率や平均ページビューに違いがないかを調べる方法は知っておいてもいいはずです。

　右ページの画面では、表示形式を「比較」にして、Webサイト全体の平均ページビューと各言語の平均ページビューを比較しています。すると、「en-us」「de-de」の平均ページビューが少なく、「zn-hk」の平均ページビューが多いことが分かります。Webサイトで使われている英語が、海外でみかけるおかしな日本語のような状態になっていないか、確認するとよいでしょう。

　なお、言語別に指標を読み取るには、Webサイトの構成が各国語で同じである必要があります。Webサイトの内容が異なるのに指標を比べて

[2-4] 属性や使用環境がわかる「ユーザー」レポート

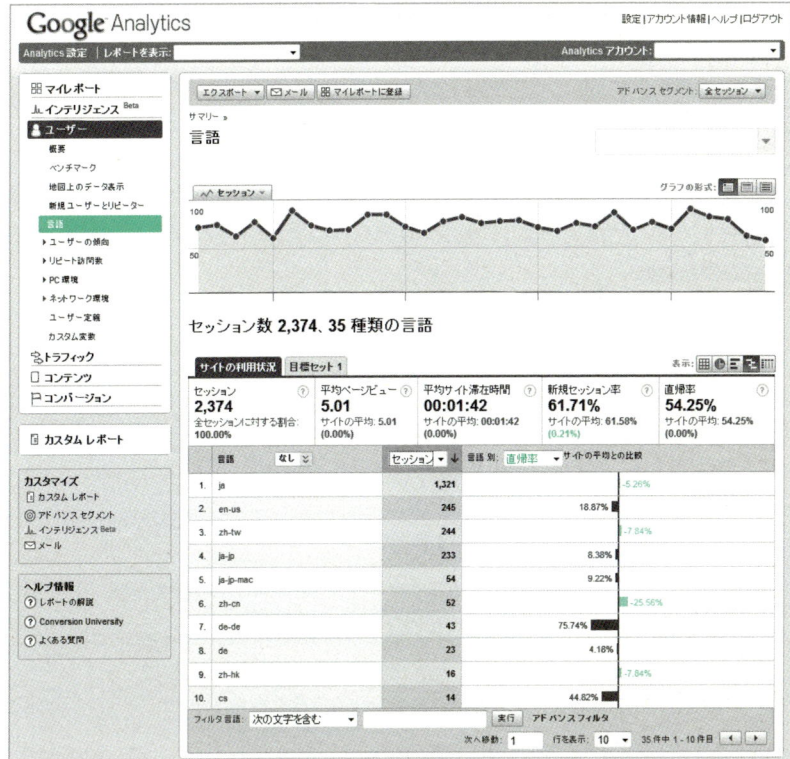

「ユーザー」→「言語」

も意味がないからです。といっても、各国語に対応するのは大変です。実際には、日本語だけはコンテンツを充実させ、他の言語は簡易版のコンテンツで統一する企業が多いようです。

「セッション数」レポート
(Visits)

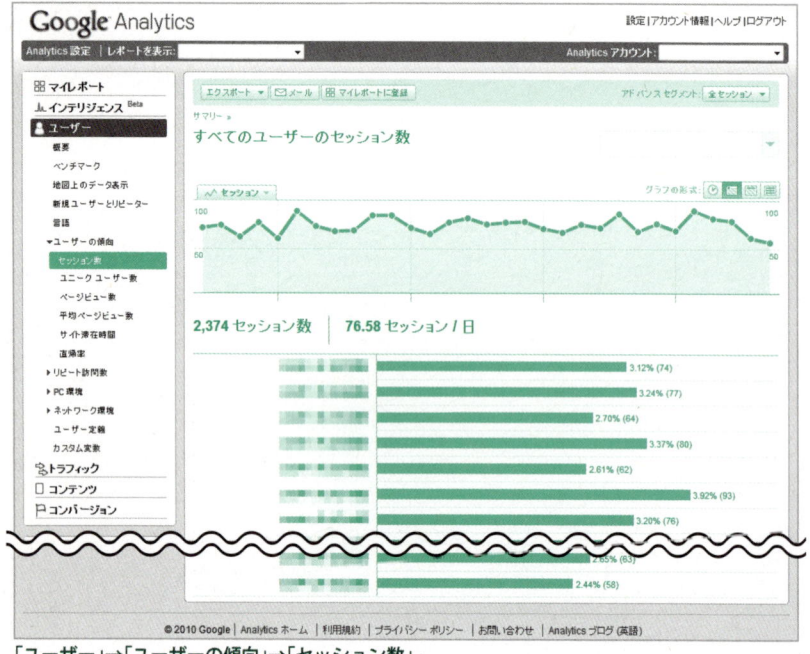

「ユーザー」→「ユーザーの傾向」→「セッション数」

　「セッション数」レポートを使うと、Webサイト全体のセッション数の推移を、時間別、日別、週別、月別に確認できます。セッション数そのものを日々把握する必要はありませんが、休日よりも平日のセッション数が明らかに多いサイトはビジネスユーザー向け、平日と休日で差がない場合は家庭からの利用が多いと考えられます。

　また、時間別に見たとき、お昼休みにセッション数が増える場合は時間潰し目的、減る場合は仕事目的と考えられます。お昼休みに増減がない場合は、学生など、比較的時間の使い方に自由のある若年層に利用されている可能性があります。

「ユニークユーザー数」レポート
(Absolute Unique Visitors)

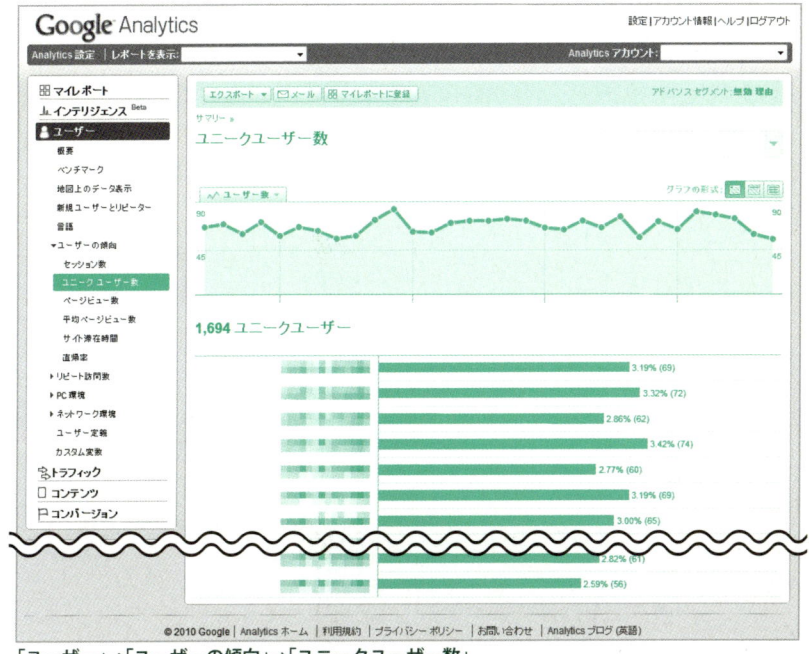

「ユーザー」→「ユーザーの傾向」→「ユニークユーザー数」

　「ユニークユーザー数」レポートを使うと、Webサイト全体のユニークユーザー数の推移を、日別、週別、月別に確認できます。ユニークユーザー数がコンバージョン数に直結する場合は、なぜユニークユーザーが増えるのかをトラフィックメニューのレポートで確認するとよいでしょう。また、休日よりも平日のユニークユーザー数が明らかに多いサイトはビジネスユーザー向け、平日と休日で差がない場合は家庭からの利用が多いと考えられるなど、ユーザー属性の推定にも利用できます。

「ページビュー数」レポート
(Pageviews)

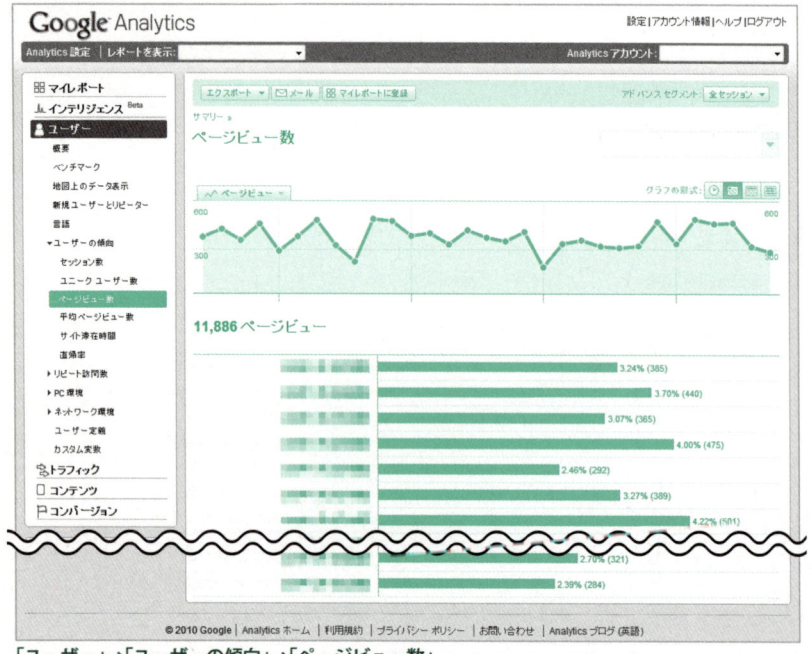

「ユーザー」→「ユーザーの傾向」→「ページビュー数」

　「ページビュー数」レポートを使うと、Webサイト全体のページビュー数の推移を、時間別、日別、週別、月別に確認できます。時間別に見たとき、お昼休みにページビュー数が増える場合は時間潰し目的、減る場合は仕事目的と考えられます。お昼休みに増減がない場合は、学生など、比較的時間の使い方に自由のある若年層に利用されている可能性があります。

　ただし、ページビュー数は「セッション数×平均ページビュー」の積でしかありません。ページビュー数だけに注目しても、Webサイトの改善にはつながらないことが多いです。

「平均ページビュー数」レポート
(Average Pageviews)

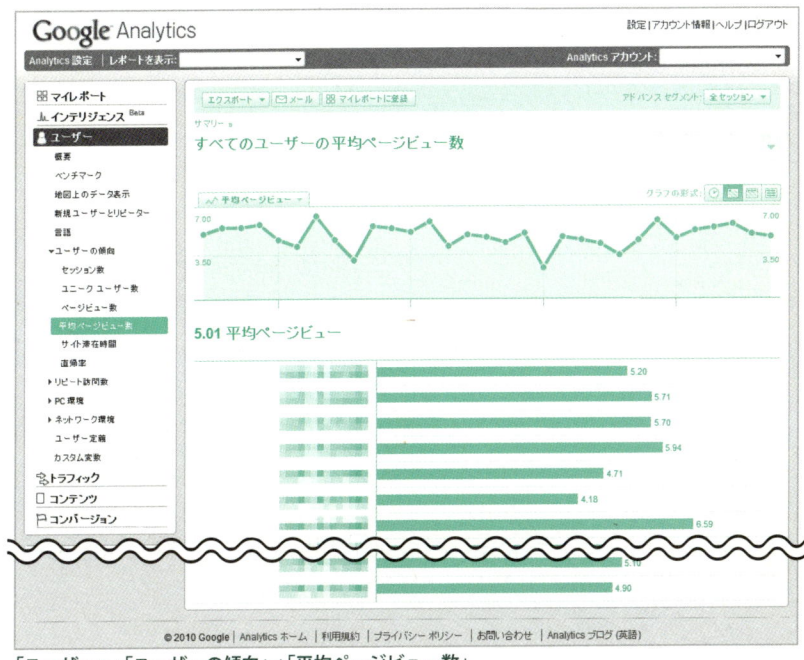

「ユーザー」→「ユーザーの傾向」→「平均ページビュー数」

　「平均ページビュー数」レポートを使うと、Webサイト全体の平均ページビュー数の推移を、時間別、日別、週別、月別に確認できます。平均ページビュー数そのものを日々把握する必要はありませんので、突出して増えたり減ったりしたときに原因を調べればよいでしょう。

「ユーザーのサイト滞在時間」レポート
(Time on Site)

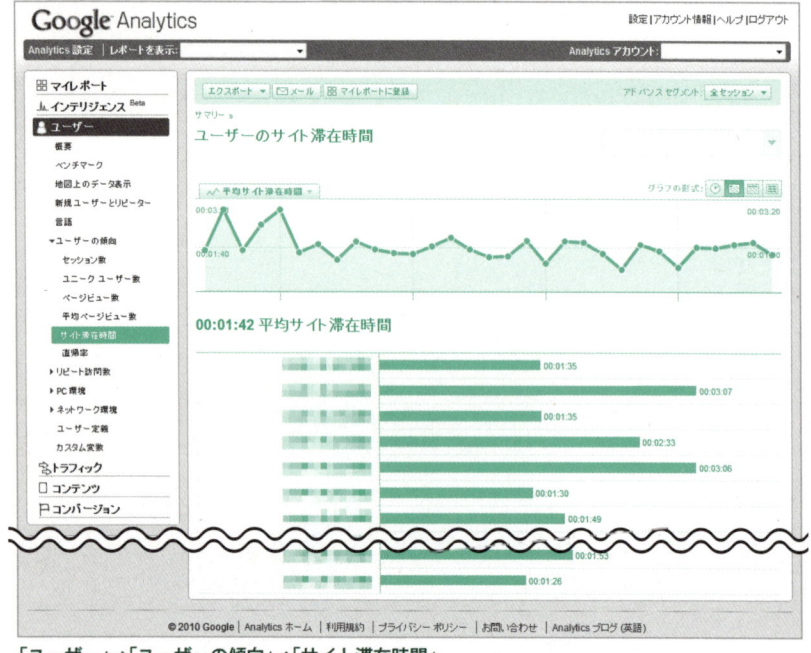

「ユーザー」→「ユーザーの傾向」→「サイト滞在時間」

　「ユーザーのサイト滞在時間」レポートを使うと、Webサイト全体のユーザーの平均サイト滞在時間の推移を、時間別、日別、週別、月別に確認できます。ユーザーのサイト滞在時間そのものを日々把握する必要はありませんので、突出して増えたり減ったりしたときに原因を調べればよいでしょう。

「直帰率」レポート
(Bounce Rate)

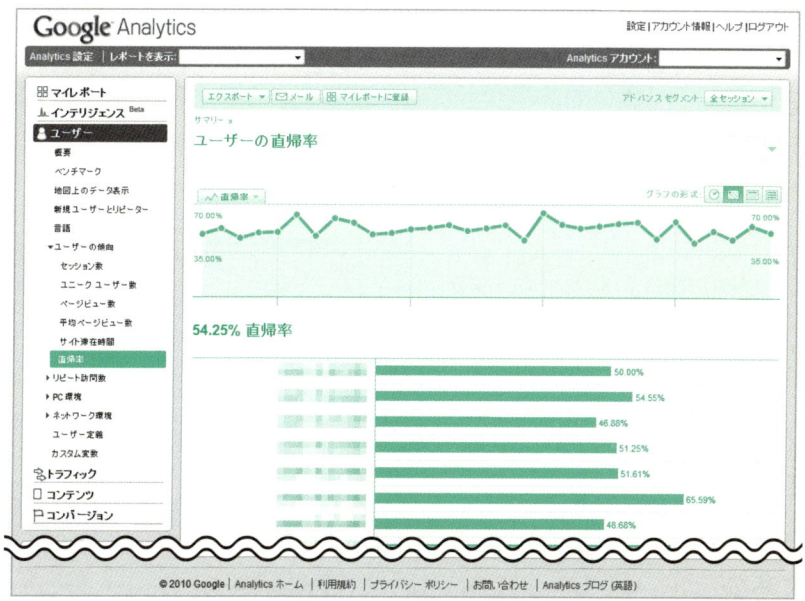

「ユーザー」→「ユーザーの傾向」→「直帰率」

　「直帰率」レポートを使うと、Webサイト全体の直帰率の推移を、時間別、日別、週別、月別に確認できます。直帰率を日々把握する必要はなく、突出して増減したとき、原因を調べればよいでしょう。なお、Webサイトの性質によって直帰率の目安は異なりますが、おおよそ以下の通りです。

	直帰率の目安
キャンペーンサイト	30±10%
メディア	45±10%
eコマース	50±10%
ブログ	70±10%

「リピートセッション数」レポート
(Loyalty)

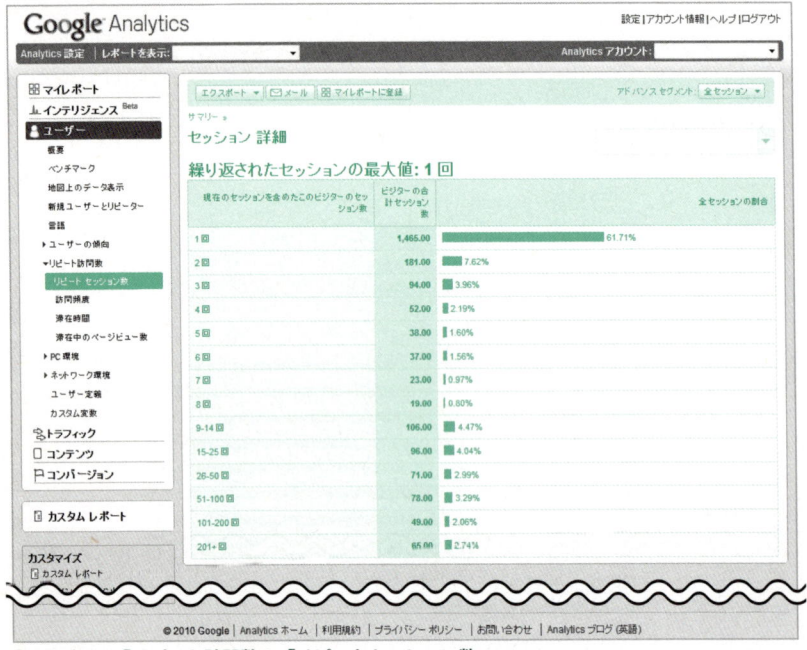

「ユーザー」→「リピート訪問数」→「リピートセッション数」

　「リピートセッション数」レポートを使うと、集計期間中にあるユーザーが何回訪れたのかを確認できます。「1回」のセッション数（割合）は、集計期間中の新規ユーザーのセッション数（新規セッション率）と同じです。2回以上のセッション数（割合）の合計は、集計期間中のリピーターのセッション数（リピーターセッション率）と同じです。

「訪問頻度」レポート
(Recency)

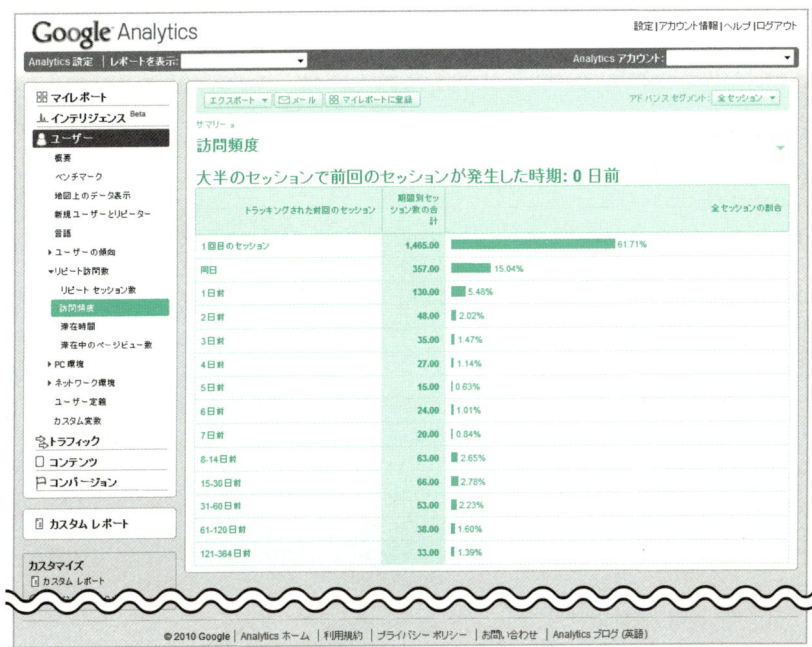

「ユーザー」→「リピート訪問数」→「訪問頻度」

　「訪問頻度」レポートを使うと、集計期間中にユーザーがどれくらいの頻度で訪れたのかを確認できます。「1回目のセッション」のセッション数（割合）は、集計期間中の新規ユーザーのセッション数（新規セッション率）と同じです。同日、1日前以上のセッション数（割合）の合計は、集計期間中のリピーターのセッション数（リピーターセッション率）と同じです。

　「訪問頻度」レポートは、最後のセッションと、その前のセッションとの間隔を把握し、ユーザーが集計期間中にこまめに訪れているのか、時折訪れているのかを把握するために使います。「リピートセッション数」レポートでは、集計期間中の回数から、定期的に訪れるユーザーがどの

程度いるか把握できますが、最後のセッションと、その前のセッションとの間隔までは分かりません。eコマースサイトなどで、購入間近のユーザーが頻繁に価格や機能を調べる目的で訪れていると、訪問頻度は短めになります。

　なお、「訪問頻度」には「セッション数÷ユニークユーザー」で計算する別の指標もあります。ある期間内のユーザーあたりの平均セッション数からユーザーの「忠誠心」を計測するために使います。

「滞在時間」レポート
(Length of Visit)

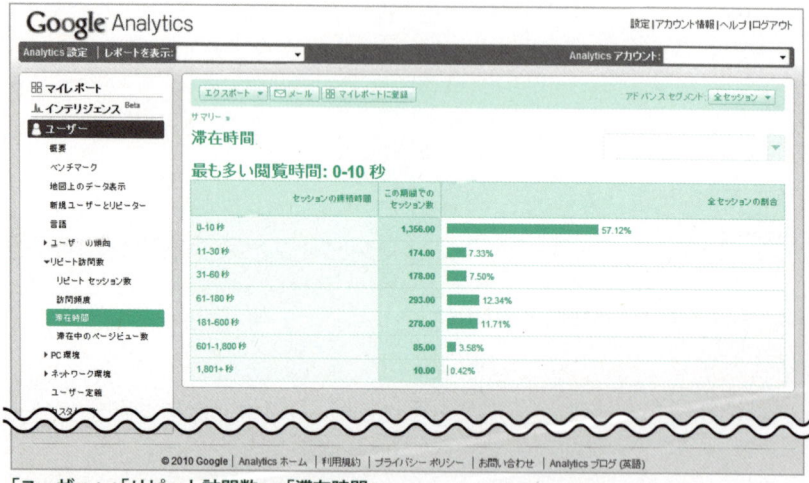

「ユーザー」→「リピート訪問数」→「滞在時間」

　「滞在時間」レポートを使うと、滞在時間を7つの階層別に確認できます。ほぼすべての場合、直帰するユーザーを含む「0〜10秒」の階層がもっとも多くなります。滞在時間そのものを日々把握する必要はありませんが、リニューアルやキャンペーンの開始、新商品の発売など、Webサイトの構成やユーザー層の変化が期待されるとき、階層ごとに変化を確認するとよいでしょう。

「滞在中のページビュー数」レポート
(Depth of Visit)

「ユーザー」→「リピート訪問数」→「滞在中のページビュー数」

　「滞在中のページビュー数」レポートを使うと、集計期間中のセッションごとのページビュー数の分布を確認できます。「1ページビュー」のセッション数(割合)は、集計期間中の直帰数(直帰率)と同じです。

「ブラウザ」レポート
(Browsers)

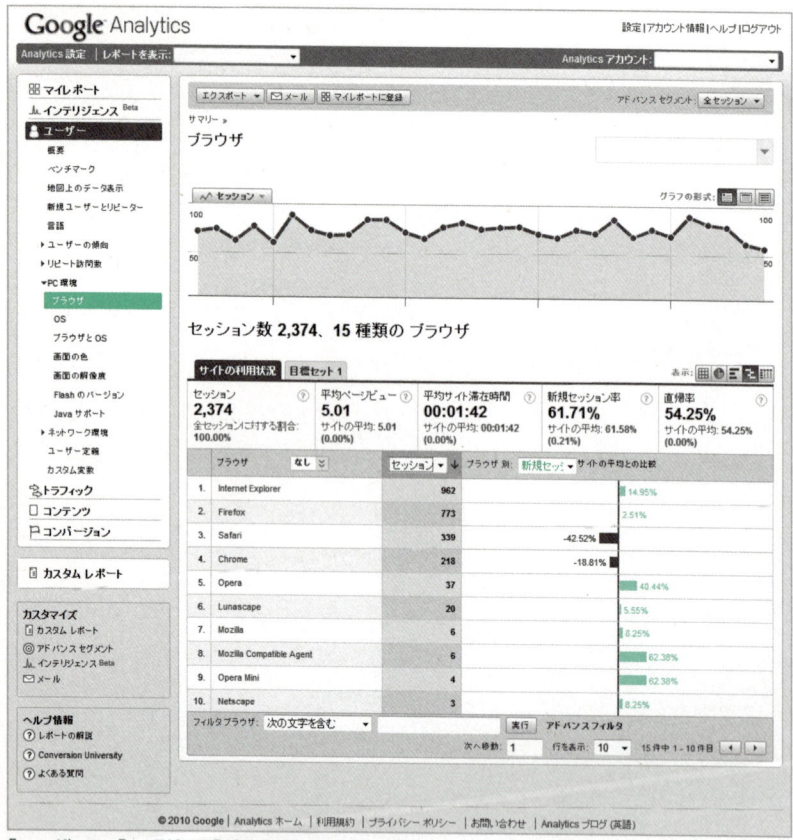

「ユーザー」→「PC環境」→「ブラウザ」

　「ブラウザ」レポートでは、Webサイト全体のセッション数、平均ページビュー、平均サイト滞在時間、新規セッション率、直帰率をブラウザ別に確認できます。それぞれのブラウザには、Internet ExplorerであればWindows標準のWebブラウザなので一般ユーザーのシェアが高く、FirefoxはプログラマーやWebデザイナーなど、職業としてWebに関わっ

ているユーザーのシェアが高く、SafariはMacやiPhoneなど、一般ユーザーよりもクリエイティブ志向の強いユーザーのシェアが高い、といった特徴があります。

「ブラウザ」レポートは、表示形式を「比較」にして平均ページビュー、平均サイト滞在時間、新規セッション率、直帰率を比較し、ユーザー層とWebサイトの相性を確認するのに使うとよいでしょう。

ドリルダウンすると、ブラウザのバージョンが分かります。

左ページの画面では、比較モードにすることでブラウザごとに新規セッション率が大きく異なることが分かります。「Safari」ユーザーの新規セッション率が平均よりも約42％少ないことから、このサイトがSafariユーザー、つまりMacユーザーに好まれていることが分かります。平均ページビューや直帰率にも、ブラウザごとの違いが出ることがありますので、他の指標についても定期的に把握しておくとよいでしょう。

「OS」レポート
(Operating Systems)

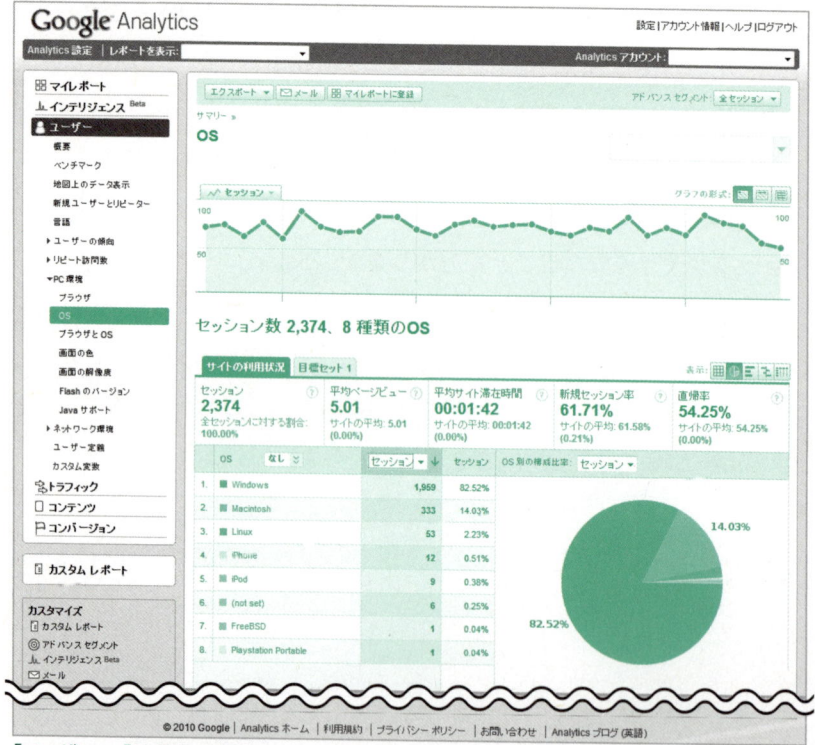

「ユーザー」→「PC環境」→「OS」

　「OS」レポートでは、Webサイト全体のセッション数、平均ページビュー、平均サイト滞在時間、新規セッション率、直帰率をOS別に確認できます。Windowsは多すぎてユーザー属性とは結びつけにくいですが、Macintoshはクリエイティブ志向、Linuxは技術志向といった大まかな特徴があります。

　「OS」レポートは、表示形式を「比較」にして平均ページビュー、平均サイト滞在時間、新規セッション率、直帰率を比較し、ユーザー層とWeb

[2-4] 属性や使用環境がわかる「ユーザー」レポート

サイトの相性を確認するのに使うとよいでしょう。

ドリルダウンすると、OSのバージョンが分かります。

「ブラウザとOS」レポート (Browsers and OS)

「ユーザー」→「PC環境」→「ブラウザとOS」

　「ブラウザとOS」レポートでは、Webサイト全体のセッション数、平均ページビュー、平均サイト滞在時間、新規セッション率、直帰率をブラウザとOSの組み合わせ別に確認できます。

「画面の色」レポート
(Screen Colors)

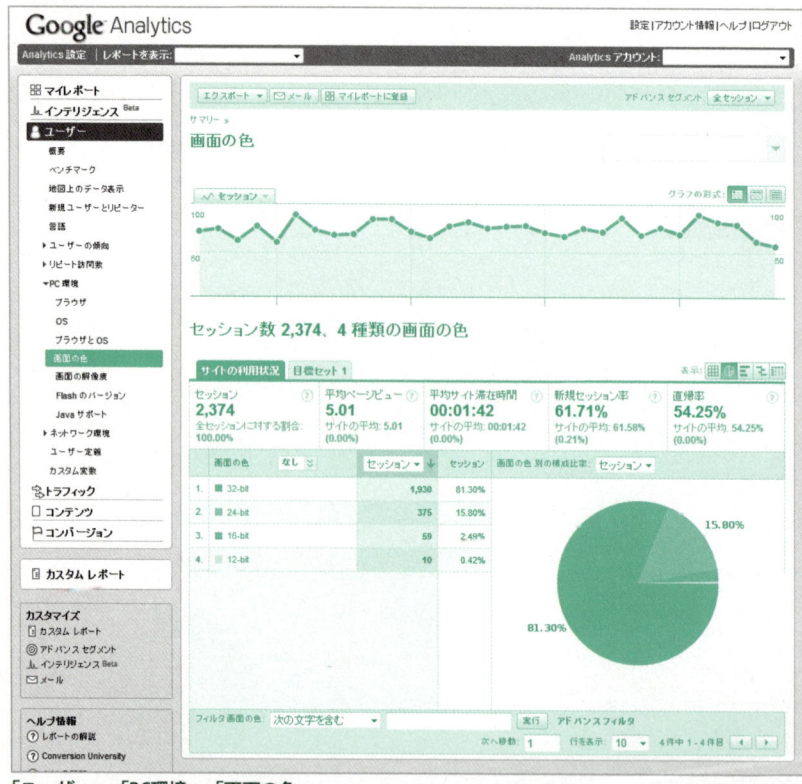

「ユーザー」→「PC環境」→「画面の色」

　「画面の色」レポートでは、Webサイト全体のセッション数、平均ページビュー、平均サイト滞在時間、新規セッション率、直帰率を画面の色別に確認できます。画面の色は、ほとんどのPCで24ビット以上が標準になっているため、指標としての意味はあまりありません。

「画面の解像度」レポート
(Screen Resolutions)

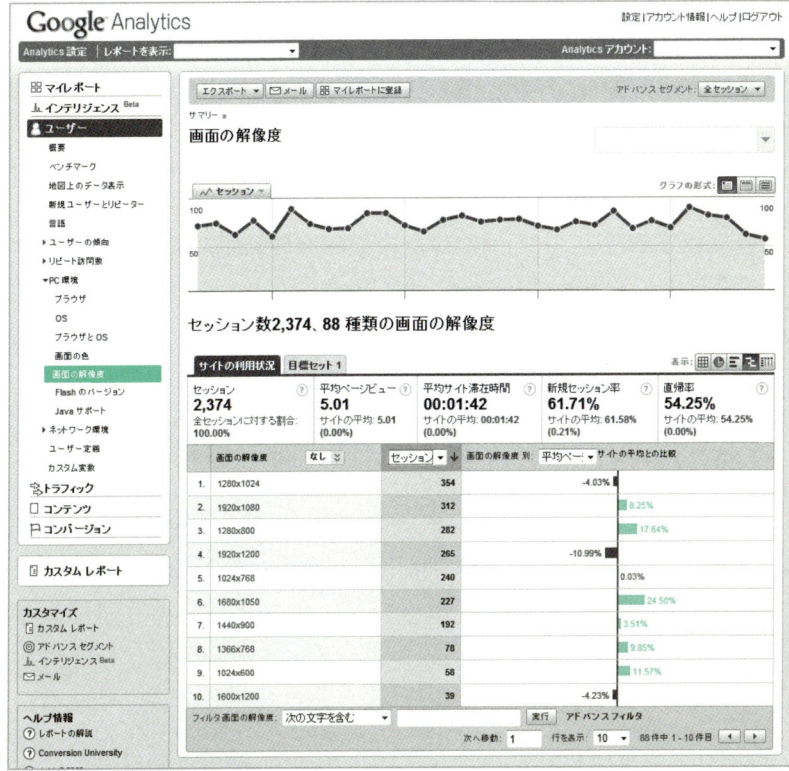

「ユーザー」→「PC環境」→「画面の解像度」

　「画面の解像度」レポートでは、Webサイト全体のセッション数、平均ページビュー、平均サイト滞在時間、新規セッション率、直帰率を画面の解像度別に確認できます。

　画面の解像度とユーザー層の関係は明確ではありませんが、1920×1200ピクセルのディスプレイは職場に少なく家庭に多い、1024×768ピクセルのディスプレイは職場に多く家庭に少ない、などの傾向があり

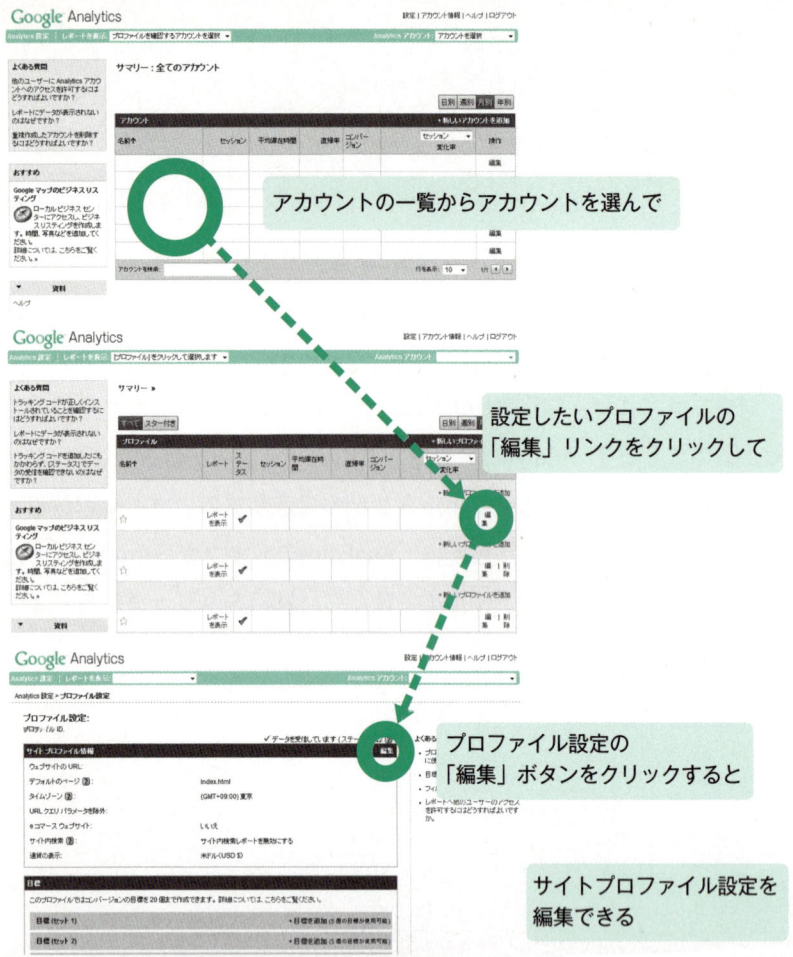

プロファイル設定の画面はAnalyticsアカウントを選択し、
プロファイル一覧から「編集」をクリックすると表示される

ます。「画面の解像度」レポートの表示形式を「比較」にして平均ページビュー、平均サイト滞在時間、新規セッション率、直帰率を比較し、どのような違いがあるか確かめ、ユーザー層とWebサイトの相性を確認するのに使うとよいでしょう。

「Flashのバージョン」レポート (Flash Versions)

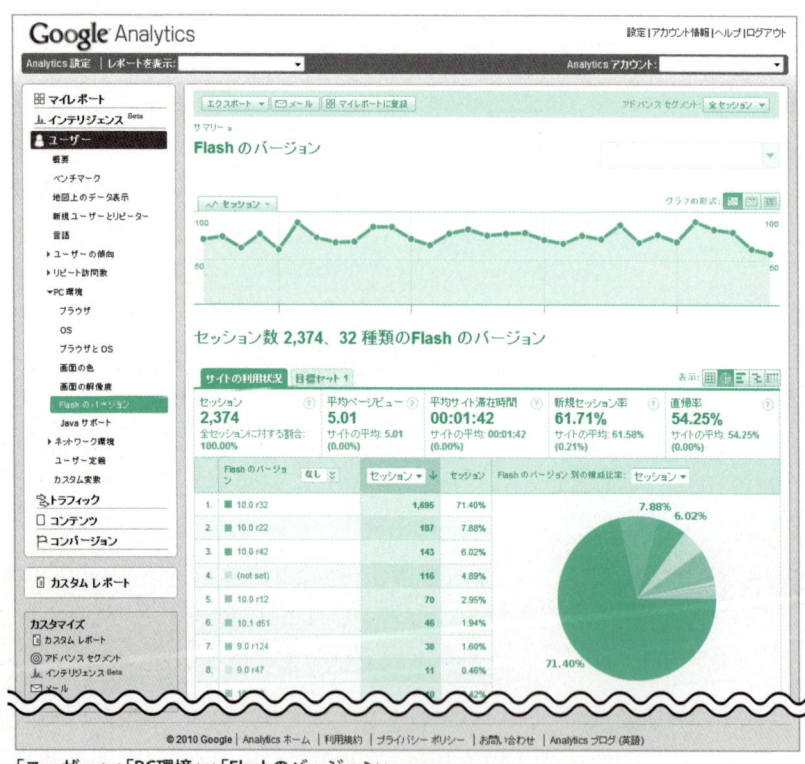

「ユーザー」→「PC環境」→「Flashのバージョン」

　「Flashのバージョン」レポートでは、Webサイト全体のセッション数、平均ページビュー、平均サイト滞在時間、新規セッション率、直帰率をFlashのバージョン別に確認できます。現在のFlashは自動でアップデート

が促されるようになっており、また、最近のFlashはバージョンの違いで機能の違いがあまりないことから、Flashのバージョンの指標としての意味はあまりありません。

「Javaサポート」レポート（Java Support）

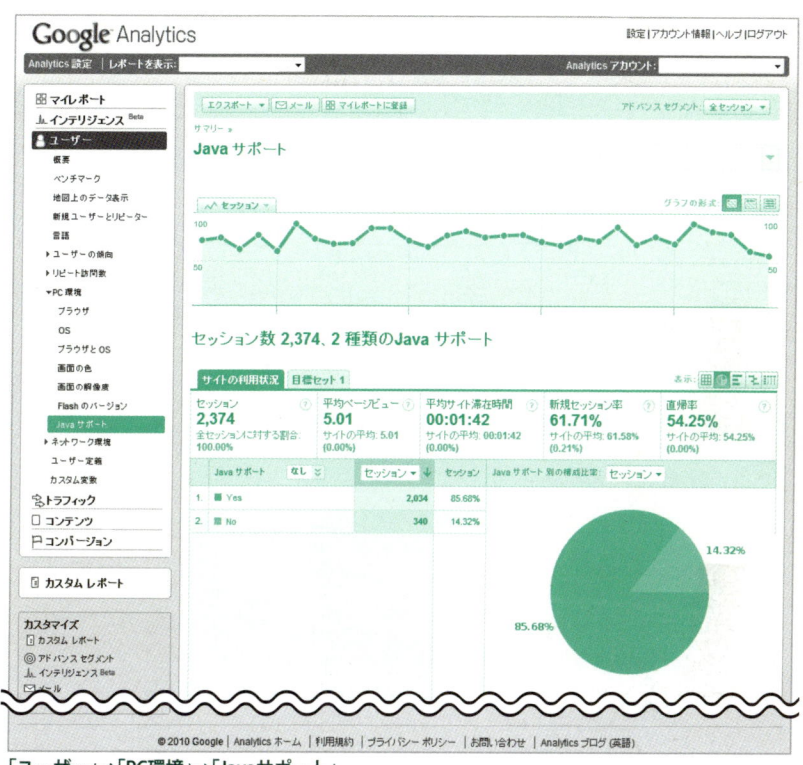

「ユーザー」→「PC環境」→「Javaサポート」

　「Javaサポート」レポートでは、Webサイト全体のセッション数、平均ページビュー、平均サイト滞在時間、新規セッション率、直帰率をJavaサポートの有無で比較できます。現在、ほとんどのPCでJavaがサポートされているため、指標としての意味はあまりありません。

「利用ネットワーク」レポート
(Network Location)

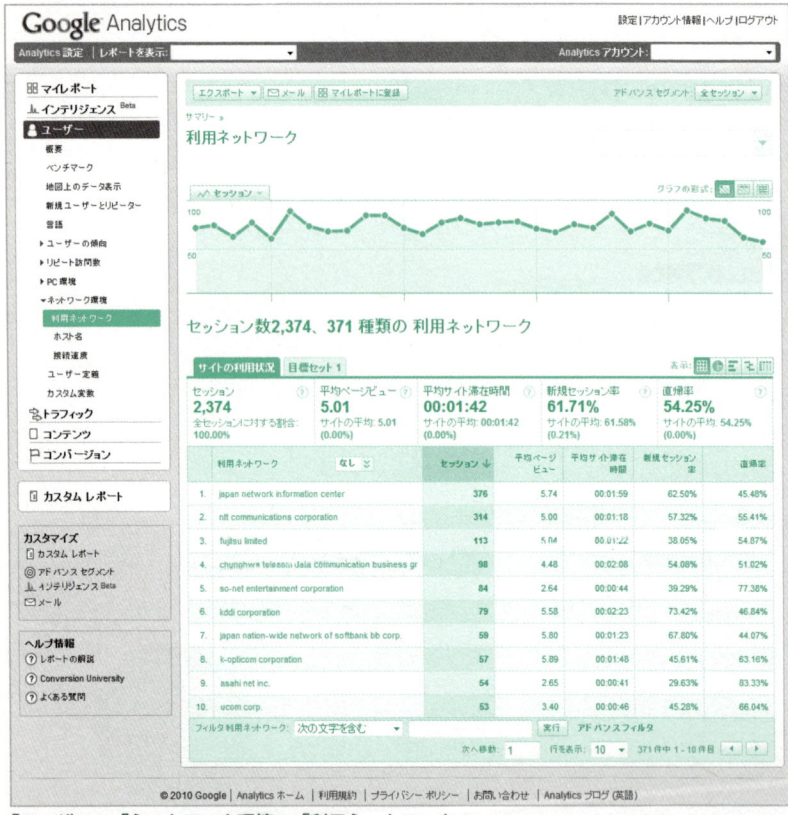

「ユーザー」→「ネットワーク環境」→「利用ネットワーク」

　「利用ネットワーク」レポートでは、Webサイト全体のセッション数、平均ページビュー、平均サイト滞在時間、新規セッション率、直帰率を利用ネットワーク別に確認できます。

　利用ネットワークでもっとも多いのは、おそらく「japan network information center」（JPNIC：日本ネットワークインフォメーションセンター）、ついで「ntt communications corporation」（NTTコミュニケーショ

ンズ)のはずです。これらは特定の企業ネットワークではなく、プロバイダを表しているだけですので、利用ネットワーク別に指標を確認することの意味はあまりありません。ただし、大企業の中にはIPアドレスを自前で確保している場合があり、ユーザーの勤務先を推定できることもあります。

「ホスト名」レポート
(Hostnames)

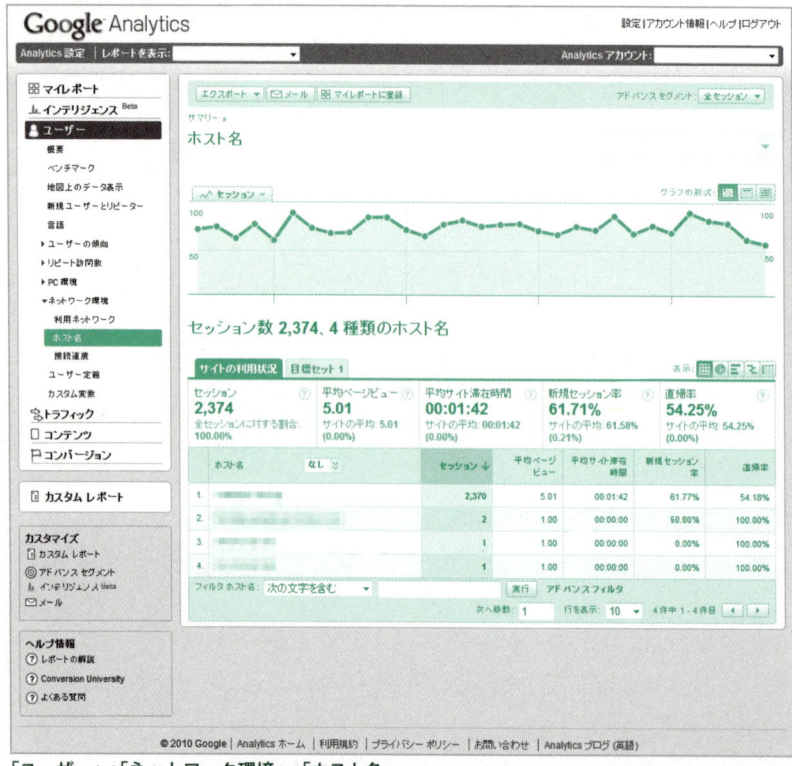

「ユーザー」→「ネットワーク環境」→「ホスト名」

　「ホスト名」レポートでは、Webサイト全体のセッション数、平均ページビュー、平均サイト滞在時間、新規セッション率、直帰率をホスト名別に確認できます。

　ホスト名とは、WebサーバーにHTTPで要求を送信するとき、相手先のWebサーバーを特定するためのヘッダー情報です。通常は本番サイトのサイト名そのものが使われますが、チェックサーバー（試験サーバー）のコンテンツに本番サイトと同じGoogle AnalyticsのアカウントIDが使われ

ていると、チェックサーバーのホスト名が表示されます。また、海外のユーザーが翻訳サービスを使ってページを閲覧したり、検索エンジンのキャッシュに残っているページを閲覧したりすると、本番サイトとは異なるホスト名が表示されます。

 なお、俗に「魚拓」と呼ばれるWebページのアーカイブサービスにコンテンツが複製されると、自社以外のIPアドレスがホスト名に表示されます。こうした自社以外のサーバーへのアクセスを集計から除外したい場合は、Google Analyticsのフィルタ機能を使って、本番サイト以外のホスト名を無視するように設定するとよいでしょう（62ページ参照）。

「接続速度」レポート
(Connection Speeds)

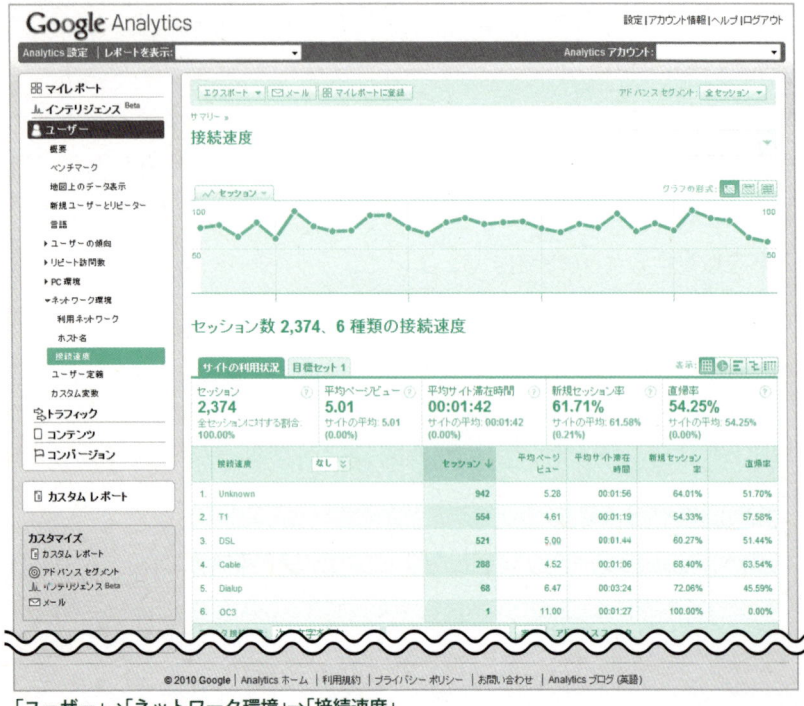

「ユーザー」→「ネットワーク環境」→「接続速度」

　「接続速度」レポートでは、Webサイト全体のセッション数、平均ページビュー、平均サイト滞在時間、新規セッション率、直帰率を接続速度別に確認できます。ただし、Google Analyticsは、ユーザーの接続速度を実測しているわけではありません。公式な説明はありませんが、IPアドレスを逆引きし、「192-0-2-128.dsl.isp.ne.jp」のようなDNS名から接続速度を推定しているのでは、と言われています。したがって、「接続速度」レポートの信頼性はあまり高くなく、「Unknown」(速度不明)の割合が多くなっており、指標としての意味はあまりありません。

時間帯別の指標からユーザー属性を読み取るには？

　Webアクセス解析ではユーザーの属性は調べられませんが、時間帯別のページビュー数やセッション数を読むことで、おおよその年代や職業を推定できます。時間帯別に指標を表示できる「ページビュー数」、「平均ページビュー数」、「サイト滞在時間」、「直帰率」の4つのレポートで、ユーザーの全体像や心理を読み取りましょう。

●ビジネスパーソンが仕事のために利用

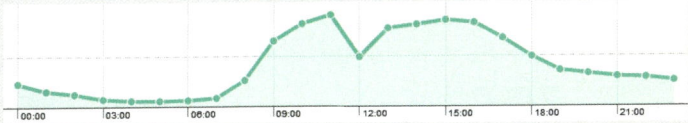

●ビジネスパーソンが暇つぶしに利用

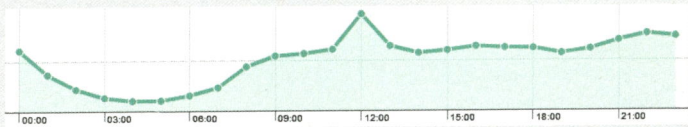

●学生などが利用

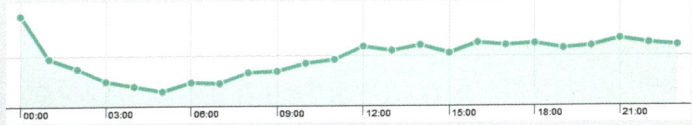

●休暇中の人などが利用

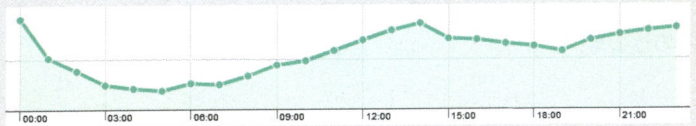

「ユーザー定義」レポート
(User Defined)

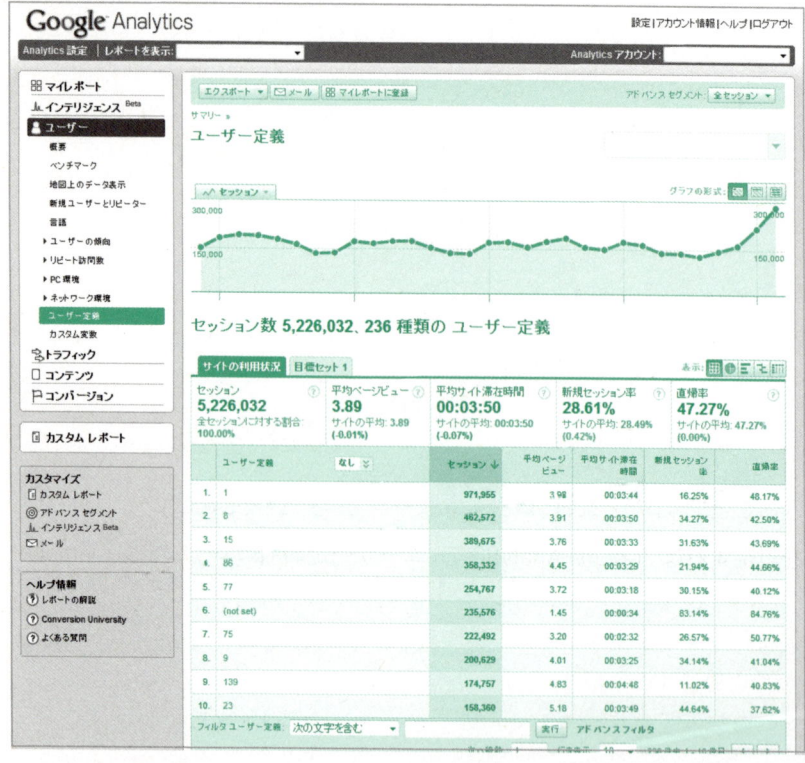

　「ユーザー定義」レポートでは、Webサイト全体のセッション数、平均ページビュー、平均サイト滞在時間、新規セッション率、直帰率を定義されたセッション種別ごとに確認できます。

　「ユーザー定義」レポートを使うには、以下のようなコードをコンテンツに埋め込みます。

```
<script type="text/javascript">
var _gaq = _gaq || [];
_gaq.push(['_setAccount', 'UA-12345678-1']);
_gaq.push(['_initData']);
_gaq.push(['_trackPageview']);
_gaq.push(['_setVar',' ユーザー定義値 ']);
(function() {
var ga = document.createElement('script');
ga.src = ('https:' == document.location.protocol ? 'https://ssl' : 'http://www') + '.google-analytics.com/ga.js';
ga.setAttribute('async', 'true');
document.documentElement.firstChild.appendChild(ga);
})();
</script>
```

ユーザー定義レポート用に値を設定する例(非同期型)

　ユーザー定義の役割は、セッションとアクセス集計用の分類を結びつけることです。たとえば、ログインページでユーザー定義として「member」を設定すれば、Google Analyticsの「ユーザー定義」レポートには「member」と「(not set)」が表示され、会員と非会員を分けてセッション数、平均ページビュー、平均サイト滞在時間、新規セッション率、直帰率を把握できます。

[2-5] 訪問の「きっかけ」が分かる「トラフィック」レポート

　Google Analyticsの「トラフィック」レポートでは、ユーザーがWebサイトを訪れた「きっかけ」についての指標を確認できます。

「ノーリファラー」レポート（Direct Traffic）

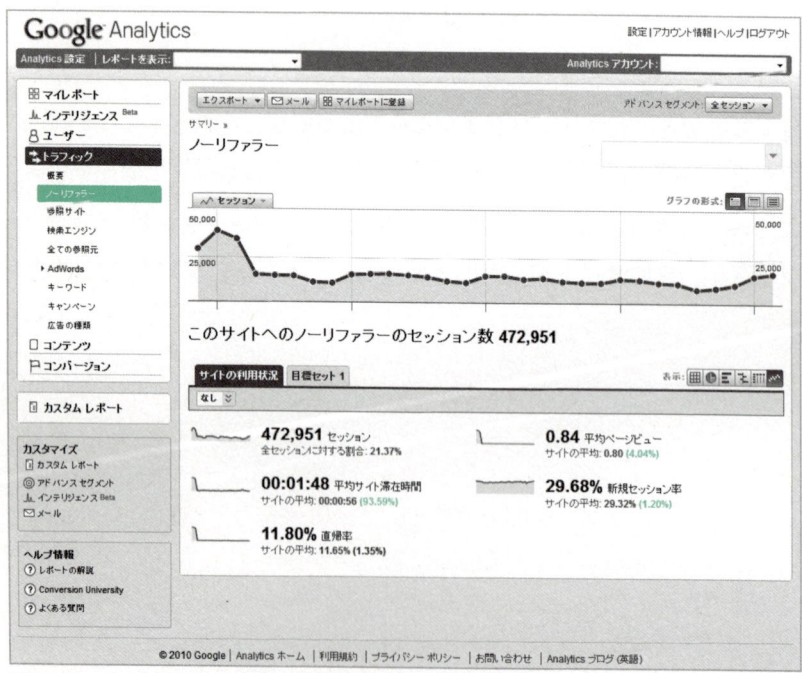

「トラフィック」→「ノーリファラー」

　「ノーリファラー」レポートでは、ノーリファラー（直接トラフィック）

のセッション数、平均ページビュー、平均サイト滞在時間、新規セッション率、直帰率を、日別、週別、月別に確認できます。

　ノーリファラーはWebサイトのURLをWebブラウザーに直接入力したり、ブックマークから訪れたり、RSSフィードやメールマガジンのリンクをクリックしたりしたユーザーのトラフィックです。つまり、Webサイトの常連ユーザーと考えられますので、ノーリファラートラフィックが平日と休日でどのように異なるかを見ることで、常連ユーザーがビジネス寄りなのか家庭寄りなのかを推定できます。

　Webサイト全体のセッション数は時間帯別にも分析できますが、ノーリファラーのセッション数は時間帯別には分かりません。**時間帯別にノーリファラーのセッション数が知りたい場合は、アドバンスセグメントを使って、早朝(4〜7時)、朝(7〜9時)、午前(9〜12時)、昼(12〜13時)、午後(13〜17時)、夕(17〜19時)、晩(19〜21時)、夜(21〜翌1時)、深夜(1時〜4時)などのセグメントを作成するとよいでしょう。**

「参照サイト」レポート (Referring Sites)

　「参照サイト」レポートでは、参照サイトトラフィックのセッション数、平均ページビュー、平均サイト滞在時間、新規セッション率、直帰率を参照元別に確認できます。

　「参照サイト」レポートは、表示形式を「比較」にして平均ページビュー、平均サイト滞在時間、新規セッション率、直帰率を比較し、どのような違いがあるか確かめ、参照サイトのユーザー層とWebサイトの相性を確認するのに使うとよいでしょう。

　ドリルダウンすると、参照元URL別の指標が分かります。

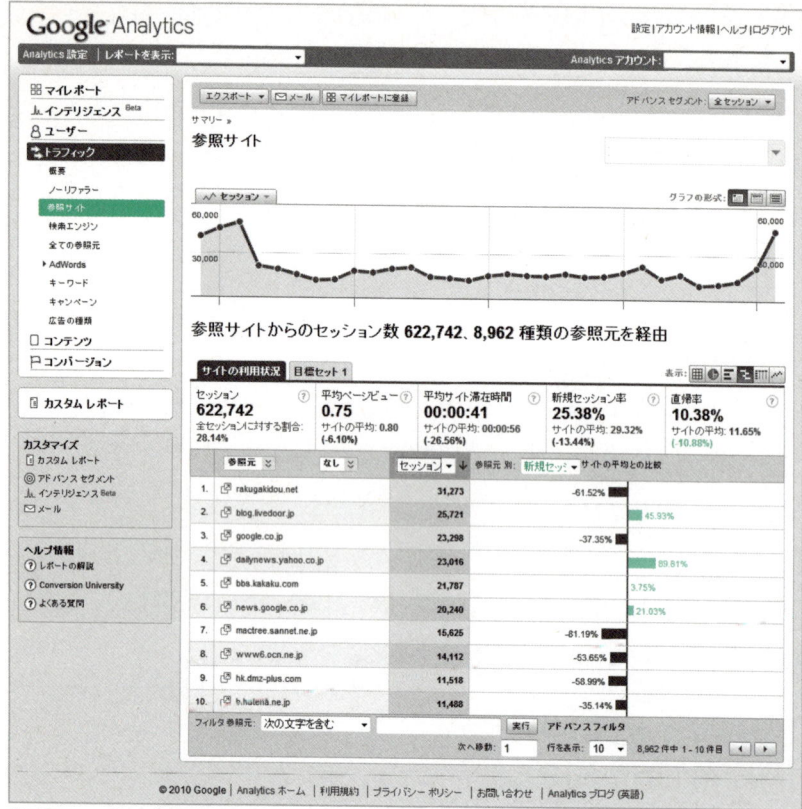

「トラフィック」→「参照サイト」

「検索エンジン」レポート
(Search Engines)

　「検索エンジン」レポートでは、検索エンジントラフィックのセッション数、平均ページビュー、平均サイト滞在時間、新規セッション率、直帰率を検索エンジンに確認できます。
　「検索エンジン」レポートは、表示形式を「比較」にして平均ページビュー、平均サイト滞在時間、新規セッション率、直帰率を比較し、どのような違いがあるか確かめ、検索エンジンのユーザー層とWebサイト

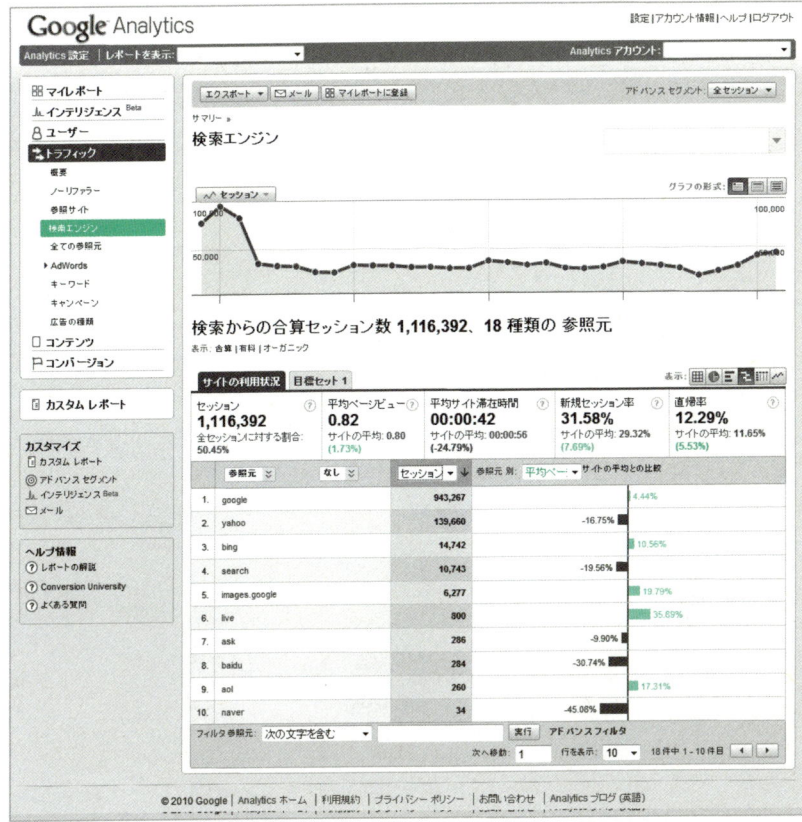

「トラフィック」→「検索エンジン」

の相性を確認するのに使うとよいでしょう。

ドリルダウンすると、キーワード別の指標が分かります。

「全ての参照元」レポート
(All Traffic Sources)

「全ての参照元」レポートでは、トラフィック別のセッション数、平均ページビュー、平均サイト滞在時間、新規セッション率、直帰率を参照元/メディア別に確認できます。「(direct) / (none)」のそれぞれの指標は、ノーリファラーの値と同じです。「* / organic」の指標は、検索エンジント

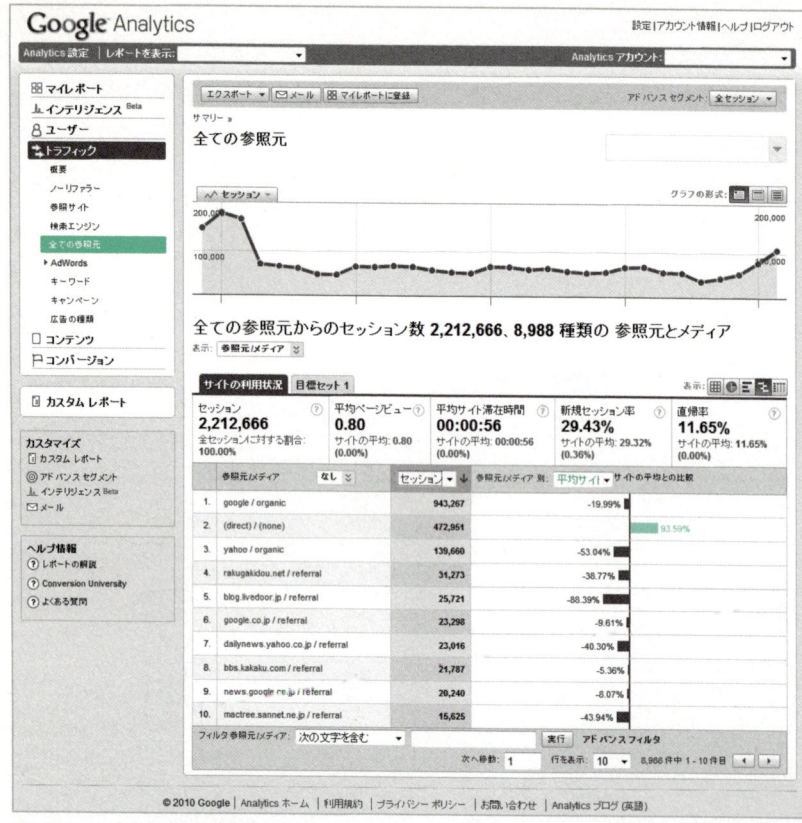

「トラフィック」→「全ての参照元」

ラフィックのそれぞれの検索エンジンの値と同じです。

「全ての参照元」レポートは、表示形式を「比較」にして平均ページビュー、平均サイト滞在時間、新規セッション率、直帰率を比較し、どのような違いがあるか確かめ、トラフィックの種別とWebサイトの相性を確認するのに使うとよいでしょう。

ドリルダウンすると、トラフィック別の指標が分かります。

「キーワード」レポート
(Keywords)

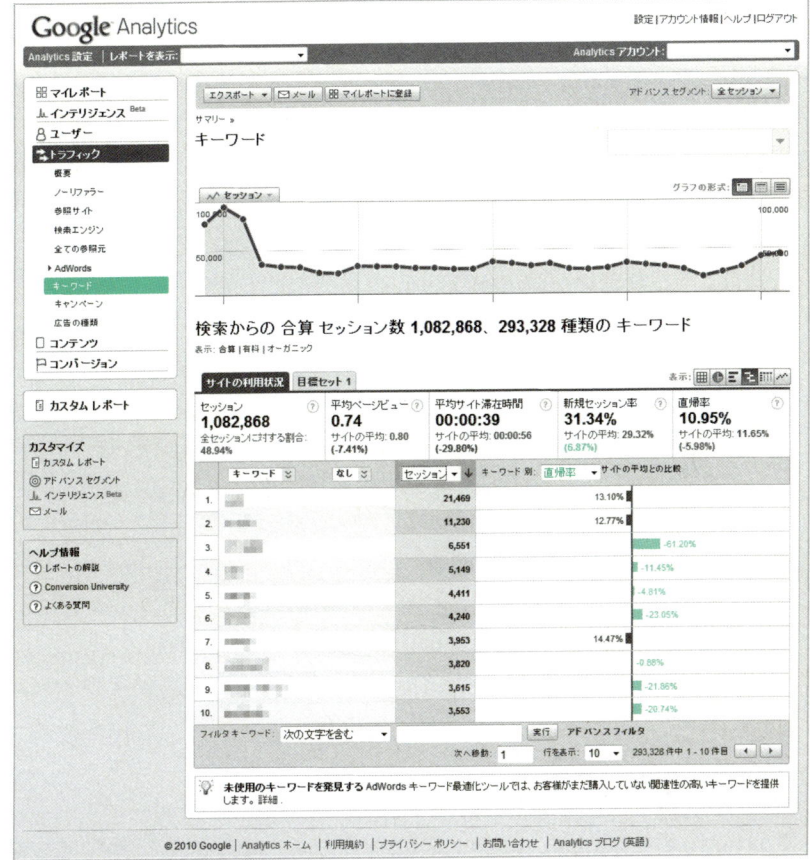

「トラフィック」→「キーワード」

　「キーワード」レポートでは、キーワードのセッション数、平均ページビュー、平均サイト滞在時間、新規セッション率、直帰率をキーワード別に確認できます。

　「キーワード」レポートは、表示形式を「比較」にして平均ページビュー、平均サイト滞在時間、新規セッション率、直帰率を比較し、どのような

違いがあるか確かめ、キーワードとWebサイトの相性を確認するのに使うとよいでしょう。

　前ページの画面では、比較モードにすることでキーワードごとに直帰率が大きく異なることが分かります。平均ページビューや新規セッション率も、キーワードごとの特徴を把握しておきましょう。なお、キーワードは個別に指標を把握することも重要ですが、「アスキー」と「ASCII」、サイト名とドメイン名など、キーワードをグループとして理解すると、別の発見があるはずです。いくつかの指標を組み合わせて理解したい場合、Excelに出力してフィルタやデータ分析、ピボットテーブルなどの機能を使って加工します（180ページ参照）。

[2-6] ページの出来不出来が分かる「コンテンツ」レポート Analytics

　Google Analyticsの「コンテンツ」レポートでは、どのページからユーザーが訪れ、どのようにページを読んでWebサイトを去ったのかについての指標を確認できます。

「上位のコンテンツ」レポート（Top Content）

　「上位のコンテンツ」レポートでは、コンテンツ（Webページ）のページビュー数、ページ別セッション数、平均ページ滞在時間、直帰率、離脱率を、日別、週別、月別に確認できます。各ページのページビュー数そのものを日々把握する必要はありませんが、上位のコンテンツが何かは把握しておくべきです。

　「上位のコンテンツ」レポートは、表示形式を「比較」にして平均ページ滞在時間、直帰率、離脱率を比較し、どのような違いがあるか確かめ、コンテンツの出来不出来、パフォーマンスを確認するとよいでしょう。

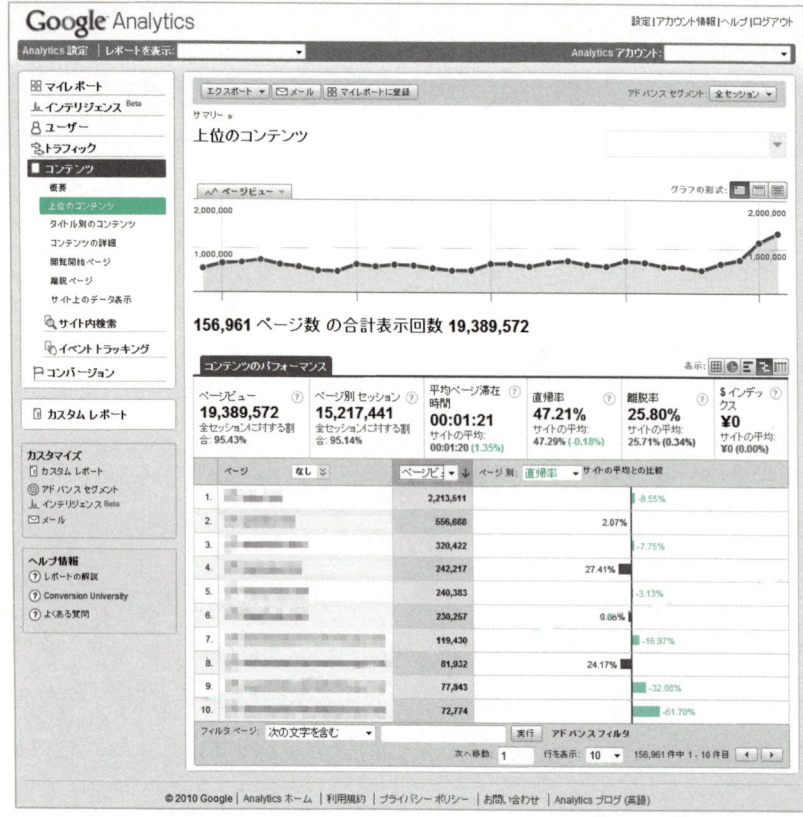

「コンテンツ」→「上位のコンテンツ」

「タイトル別のコンテンツ」レポート (Content by Title)

「タイトル別のコンテンツ」レポートでは、コンテンツ（Webページ）のページビュー数、ページ別セッション数、平均ページ滞在時間、直帰率、離脱率を、日別、週別、月別に確認できます。「上位のコンテンツ」レポートでは、URL単位でページビュー数が多い順に並ぶのに対して、「タイトル別のコンテンツ」レポートでは、タイトル単位でページビュー数が多い順に並びます。URLが異なってもタイトルが同じであれば合算された指

[2-6] ページの出来不出来がわかる「コンテンツ」レポート

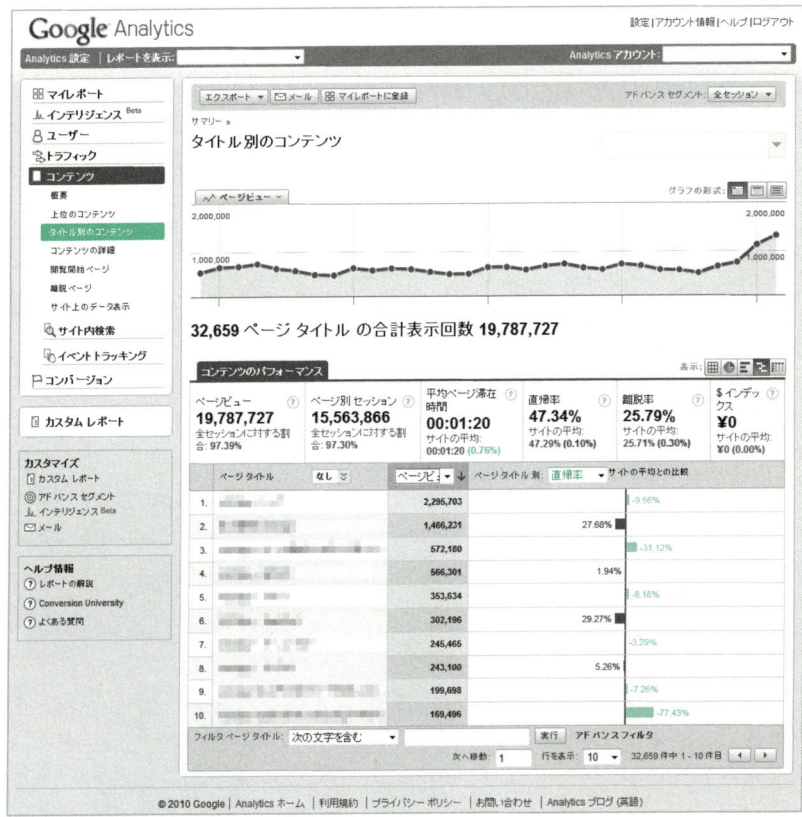

「コンテンツ」→「タイトル別のコンテンツ」

標になる点が、「上位のコンテンツ」レポートとの違いです。

　「タイトル別のコンテンツ」レポートは、表示形式を「比較」にして平均ページ滞在時間、直帰率、離脱率を比較し、どのような違いがあるか確かめ、コンテンツの出来不出来、パフォーマンスを読み取るとよいでしょう。

「コンテンツの詳細」レポート
(Content Drilldown)

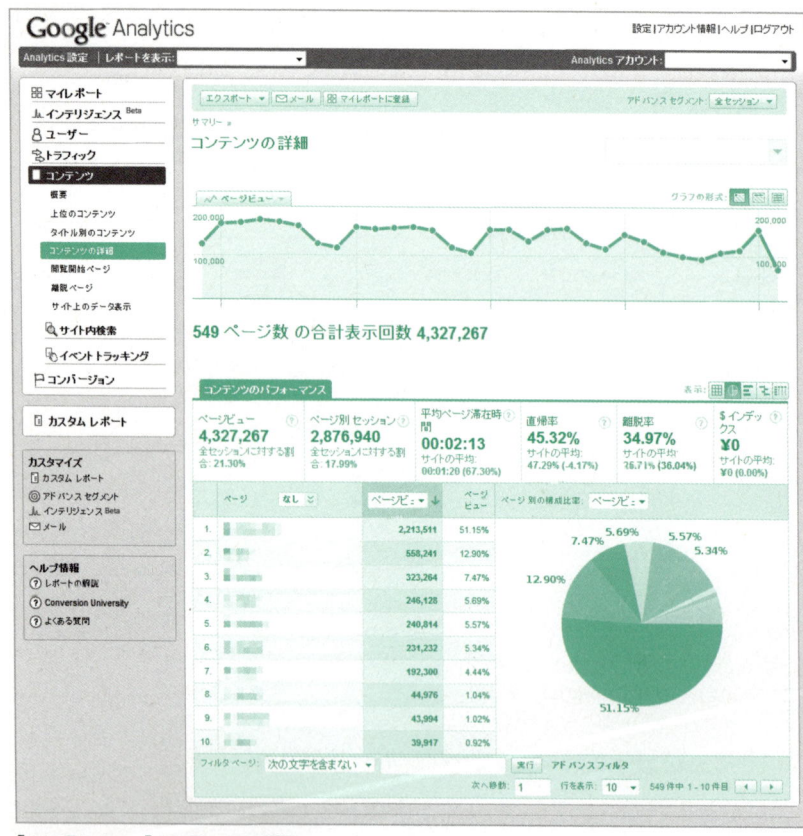

「コンテンツ」→「コンテンツの詳細」

　「コンテンツの詳細」レポートでは、コンテンツ(ディレクトリまたはWebページ)のページビュー数、ページ別セッション数、平均ページ滞在時間、直帰率、離脱率を、日別、週別、月別に確認できます。「上位のコンテンツ」レポートでは、URL単位でページビュー数が多い順に並ぶのに対して、「コンテンツの詳細」レポートでは、ディレクトリまたはWebペー

ジ単位でページビュー数が多い順に並びます。英語版では「Content Drilldown」と名付けられているとおり、ディレクトリ全体の指標が分かる点が「上位のコンテンツ」レポートとの違いです。コンテンツがディレクトリで分類されている場合は、Webページをディレクトリ単位にまとめた指標が分かるので便利です。Google Analyticsの利用を前提にするなら、Webサイトのディレクトリ構成を検討するときの材料になるでしょう。

「コンテンツの詳細」レポートは、表示形式を「割合」にしてディレクトリ単位でページ別セッション数の割合（シェア）を理解したり、表示形式を「掲載結果」にしてディレクトリやWebページの平均ページ滞在時間を比較したり、表示形式を「比較」にして平均ページ滞在時間、直帰率、離脱率を比較し、どのような違いがあるか確かめ、コンテンツの出来不出来、パフォーマンスを確認したりするとよいでしょう。

「閲覧開始ページ」レポート
(Top Landing Pages)

「閲覧開始ページ」レポートでは、閲覧開始ページの閲覧開始数（セッション数）、直帰数（セッション数）、直帰率を日別、週別、月別に確認できます。閲覧開始ページとは、Webサイトを訪れたユーザーが最初に読んだページのことです。ノーリファラートラフィックではWebサイトやカテゴリーのトップページ、参照サイトや検索エンジントラフィックでは、個別のページが多くなります。

「閲覧開始ページ」レポートは、表示形式を「比較」にして閲覧開始数、直帰数、直帰率を比較し、どのような違いがあるか確かめ、コンテンツの出来不出来、パフォーマンスを確認したりするとよいでしょう。ユーザーは閲覧開始ページを見て、コンテンツを読み進めるかどうか判断しますので、閲覧開始ページの直帰率を比較することで、どのページに問題があるか、リニューアル時の判断材料になります。

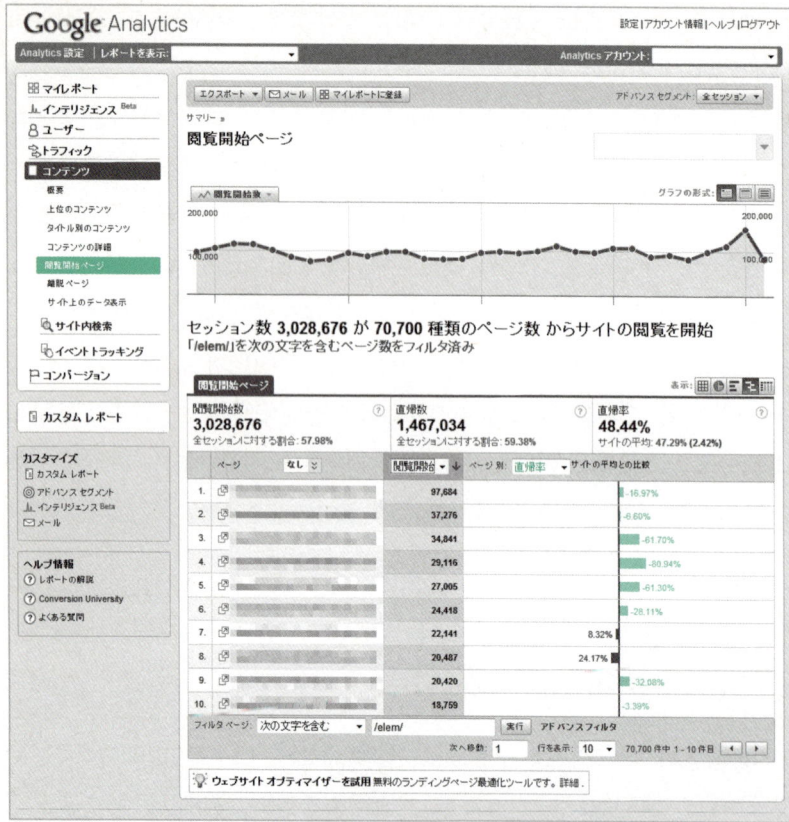

「コンテンツ」→「閲覧開始ページ」

閲覧開始ページの問題分析方法

		閲覧開始数が	
		多い	少ない
直帰率が高い	サイト／カテゴリートップ	更新頻度が低い、情報が分かりにくい	サイトへの誘導が効いていない
	個別（記事／商品）ページ	ユーザーの望みとは異なる	ページへの誘導が効いていない

「離脱ページ」レポート
(Top Exit Pages)

「コンテンツ」→「離脱ページ」

　「離脱ページ」レポートでは、離脱ページの離脱数（セッション数）、ページビュー、離脱率を日別、週別、月別に確認できます。離脱ページとは、Webサイトでユーザーが最後に読んだページのことです。
　ほとんどのWebサイトではサイトトップの離脱数がもっとも多くなりますので、離脱数の多いページを把握してもあまり意味がありません。「離脱ページ」レポートは、Webサイトのページ数が少なく、閲覧開始ページ

から離脱ページまでの動線が明確に決まっているキャンペーンサイトなどで、ユーザーがどのページで脱落したかを確認するのに使うとよいでしょう。また、サイトやカテゴリートップから離脱したのか、記事や商品などの個別ページから離脱したのかの割合を把握しておけば、個々のページごとに、ユーザーを引き留めておく魅力が衰えていないかどうかを確認できます。

　前ページの画面では、比較モードにすることで離脱ページごとに離脱率が異なることがすぐに分かります。カテゴリーページと個別ページ、新製品と定番製品、季節商品と通年商品など、ページをグループとして離脱率を把握すると、別の発見があるかもしれません。いくつかの指標を組み合わせて理解したい場合、Excelに出力してフィルタやデータ分析、ピボットテーブルなどの機能を使って加工します（155ページ参照）。

第 **3** 章

実 践 編
Google Analytics による問題解決

Google Analyticsを使ったアクセス解析の基本は、トラフィック分析です。第3章では、トラフィック別の指標の変化からWebサイトが抱える問題点を発見し、具体的な改善策を導き出すまでの手法を解説します。

[3-1] ノーリファラーの分析で常連ユーザーの特徴が分かる

Analytics　Excel

　Google Analyticsで解析できるWebアクセスは、トラフィック（流入路）別に、ノーリファラー／参照／検索エンジンの3つがあります。第3章では、それぞれのトラフィックについて増減を分析し、閲覧開始ページから離脱ページに至るまでのサイト内のユーザー行動を把握し、問題点やチャンスを発見する手法を紹介します。[3-1]、[3-2]、[3-3]のテーマはノーリファラートラフィックです。

　「そもそもノーリファラーって何でしょうか？」――Google Analytics日本語版では「ノーリファラー」と表記していますが、英語版では「Direct Traffic」です。「直接トラフィック」という方が分かりやすいし、そう呼ぶ人も多いですが、本書ではGoogle Analyticsの表記にあわせて「ノーリファラートラフィック」と呼びます。

　リファラーとは、HTTPの要求時に付加される参照元ページのURLのことです。HTTPはWebサーバーとWebブラウザーの間で使われる通信方式のことで、HTMLファイルや画像ファイルなどのデータ本体とは別に、Webブラウザーがどんなデータをwebサーバーに要求したのか、Webサーバーがどんなデータをwebブラウザーに応答したのかを示す付加情報を「ヘッダー」としてやりとりしています。

　たとえば、WebブラウザーがWebサーバーにWebページ（HTMLファイル）を要求して、Webサーバーが応答するときのやりとりは以下のとおりです。マーカー部分がリファラーで、ASCII.jpのサイトトップから個別の記事ページに訪れた場合は「Referer: http://ascii.jp/」、はてなブックマークから訪れた場合は「Referer: http://b.hatena.ne.jp/○○○○○

```
GET /index.html HTTP/1.1
Accept: image/gif, image/jpeg, image/pjpeg, image/pjpeg, */*
Referer: http://ascii.jp/
Accept-Language: ja
User-Agent: Mozilla/4.0 (compatible; MSIE 8.0)
Host: ascii.jp
```

WebブラウザーからWebサーバーへの要求（一部省略）

```
HTTP/1.1 200 OK
Date: Sun, 05 Jul 2009 06:18:28 GMT
Content-Type: text/html; charset=UTF-8

（HTML ファイル本文）
```

WebサーバーからWebブラウザーへの応答（一部省略）

○○○/」、Googleの検索結果から訪れた場合は「Referer: http://google.co.jp/○○○○○○○○」のような形式になります。ユーザーが訪れるきっかけとなったWebページのURLを、参照先のWebサーバーに知らせるのがリファラーの役割です。

「ノーリファラー」とは、リファラーが付かないHTTPの要求のことで、リファラーが付かない原因としては、以下のような場合が考えられます。

- ●URLを直接Webブラウザーに入力した
- ●Webブラウザーのブックマーク（お気に入り）から訪れた
- ●電子メールのメッセージ内のリンクをクリックした
- ●チャットのメッセージ内のリンクをクリックした
- ●RSSリーダーで、RSSフィードのリンクをクリックした
- ●リファラーを付加しないWebブラウザーを使っている

「リファラーを付加しないWebブラウザー」はかなり特殊なケースですので、ノーリファラーユーザーがWebサイトを訪れるきっかけは、実際にははじめの5つのいずれかです。

ノーリファラートラフィックでやってくる
常連ユーザーの特徴とは?

「URLを直接入力したり、ブックマークから訪れたりするということは、ノーリファラートラフィックのユーザーはWebサイトの存在を知っているということですか?」——たいていの場合はその通りです。会議や電話、テレビやラジオで読み上げたり、雑誌や新聞に掲載されたりしたURLをWebブラウザーに入力する場合もリファラーがつきませんので、厳密にはノーリファラーだからといってサイトの存在を知っているとは限りません。しかし、ノーリファラートラフィックはURLを直接入力したり、ブックマークから訪れたりするWebサイトの常連ユーザーが多いと思ってよいでしょう。また、誰かに言われてURLを入力するわけですから、相手を信頼して訪れているとも考えられます。

常連ユーザーはWebサイトに対する忠誠心がもっとも高く、セッション中に読むページ数も多めの傾向があります。URLを記憶したり、ブックマークしてくれたりしていますので、eコマースサイトであれば、購入金額も多めになるでしょう。しかし、リファラーという「証拠」がなく、ノーリファラートラフィックが増減しても、何かの雑誌記事や新聞で取り上げられて増えたのか、常連ユーザーに飽きられて減ったのか、はっきり

---

*7　Google Analyticsの罠のひとつは、デフォルトの集計期間が31日間の単独レポートになっていることだ。これでは、「ページビューが○○万PVだ」「直帰率が○○%だ」という個々の指標にしか目が向かない。毎日すべての指標には目を配れないので、Google AnalyticsでWebサイトの指標を見るときは、最近の31日間とその前の31日間、最近の31日間と前年の同じ時期など、一定の期間を比較し、傾向の変化に気づけるようにしよう。単に指標の変化だけ追いかけていると、たとえば季節変動に振り回され、適切な対策ができなくなる。
たとえば、ワインショップの売り上げはクリスマスシーズンに集中するので、12月と1月のアクセスを比較してもほとんど意味がない。前年、前々年の同時期と比較し、何が変化し、何が売り上げに影響しているのかを検討する。Google Analyticsのデータ保存期間が25カ月なのは、「2年前までの同時期までは比較できる」ということ。よく考えられた仕様だ。

分析しにくいのも特徴です。ノーリファラーのユーザーが増減する原因が何か、ASCII.jpの事例を検討していきましょう。

アクセス解析の基本は「同じ長さの期間の比較」

ASCII.jpのあるサブドメインの同じ日数のトラフィック別指標を比較[*7]したのが下の表です。

		期間N	期間G	増減
全体	セッション数	1,108,757	1,026,688	**-7.40%**
	平均ページビュー	3.93	4.02	**2.42%**
	ページビュー	4,354,178	4,129,493	**-5.16%**
	直帰率	46.23%	45.78%	**-0.98%**
ノーリファラー	セッション数	263,748	223166	**-15.39%**
	構成比	23.79%	21.74%	**-8.62%**
	平均ページビュー	4.21	4.57	**8.34%**
	直帰率	43.30%	43.61%	**0.72%**
参照サイト	セッション数	330,835	339,165	**2.52%**
	構成比	29.84%	33.04%	**10.71%**
	平均ページビュー	3.89	3.85	**-0.98%**
	直帰率	44.64%	42.27%	**-5.30%**
検索エンジン	セッション数	514,173	464,334	**-9.69%**
	構成比	46.37%	45.23%	**-2.47%**
	平均ページビュー	3.8	3.89	**2.15%**
	直帰率	48.76%	49.68%	**1.27%**

「**数字が多すぎて、無理です！　何がなんだか分かりません……**」——まぁまぁ、そう焦らずに。注目すべきは太字になっている増減の箇所だけです。第1章で紹介した「Webトラフィックの基本モデル」を頭に入れて、ノーリファラー、参照サイト、検索エンジンという3つの経路が、どのように変化したのか気づくことが重要です。

まず把握するべきことは、期間Nと期間Gで、全体のセッション数が7.4％減少していることです。その上で、何が原因なのか見ていくと、ノーリファラートラフィックが15.39％、検索エンジンは9.69％減少していることが分かります。実数で見ると、ノーリファラートラフィックは4万582セッション、検索エンジンは4万9839セッション減っており、全体のセッション数が8万2089セッション減っていることの説明がつきます[*8]。

トラフィック増減の原因を調べるには？

「期間Nと期間Gって、いつのことなんでしょうか？　時期が分かればもっと具体的に考えられるのに」──もちろん、自分でWebアクセスを解析するときは、Google Analyticsには表示されないさまざまな要因も頭に入れておく必要があります。ですが、[3-1]では期間Nと期間Gの正体を推理しながら読み進めてください。以下の分析は、期間Nと期間Gが何なのかのヒントにもなっています。

期間Nと期間Gを比べたとき、全体で8万2089セッション、ノーリファラートラフィックで4万582セッション減少した原因を検討します。Google Analyticsのメニューは、原因→結果で並んでいますので、トラフィックの増減を説明する理由はユーザーメニューにあるはずです。ユーザーメニューの「新規ユーザーとリピーター」レポートから順に青線のグラフと緑線（比較対象）のグラフを比較し、形が明らかに異なる箇所を探します。

---

*8　[3-1]はノーリファラーの分析がテーマなので、できればノーリファラーセッションだけが減っている事例にしたかったが、ASCII.jpのどのサブドメインでも、適例を見つけられなかった。実務であれば検索エンジントラフィック減少の原因も探るべきだが、以下ではノーリファラーセッションが減った原因を調べていく。

「新規ユーザーとリピーター」レポート
で分かること

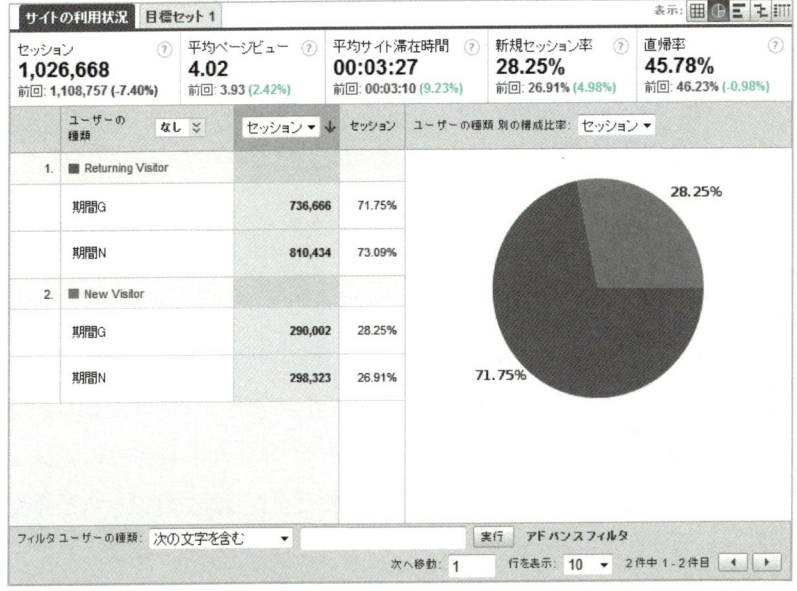

既存ユーザーが7万3767セッション減っている

　いきなり当たりを引いてしまいました。期間Gでは、期間Nに比べて既存ユーザーが7万3767セッション減っているのに対し、新規ユーザーは8321セッションしか減っていません。ノーリファラートラフィックの減少は、**既存ユーザーが減ったから**、という原因が浮かんできました。

　「既存ユーザーが満足するような記事が減ったんじゃないでしょうか？」——次に、セッション数を時間帯別に見てみましょう。

「すべてのユーザーのセッション数(時間帯別)」レポートで分かること

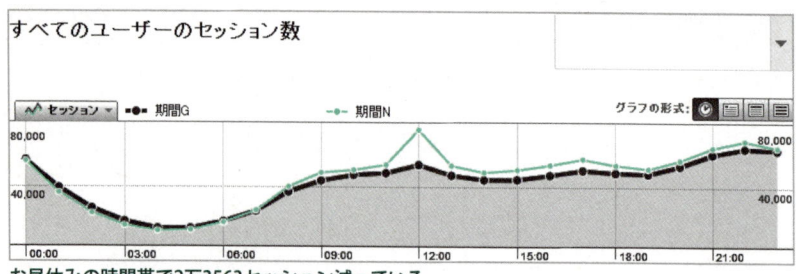

お昼休みの時間帯で2万3563セッション減っている

　期間Gではお昼休みの時間帯だけで2万3563セッション落ち込んでおり、日中から深夜にかけても減っていますが、全体ではほぼ同じ形をしています。つまり、期間Nでは会社勤めのユーザーがお昼休みに訪れていたのが、期間Gでは訪れなくなり、全体のセッション数が減ったと考えられるのです。ノーリファラートラフィックの減少は、ビジネスユーザーが減ったから、という原因が浮かんできました。

　「うーん、ビジネスユーザーがお昼休みに読めるような、簡単な切り口のビジネス記事が減ったのが原因じゃないでしょうか」――では、画面の解像度別のセッション数を調べてみましょう。

「画面の解像度」レポート
で分かること

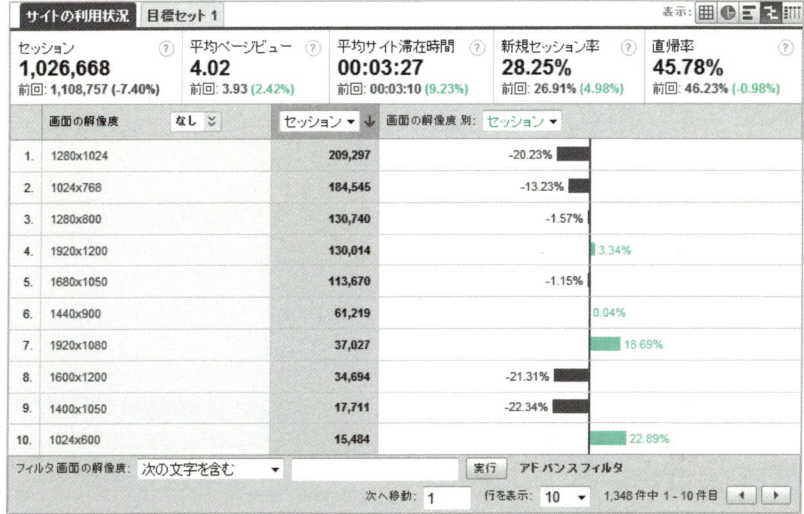

「画面の解像度」レポート

　画面解像度別セッション数の増減からも、ビジネスユーザーの減少が読み取れます。企業内の液晶ディスプレイに多いと思われる1280×1024ピクセルのセッションが5万3069セッション、1024×768ピクセルのセッションが2万8126セッション減少しており、逆に家庭ユーザーの方が多いと思われる1920×1024ピクセルのセッションは4199セッション増加しているのです。記事の内容というよりも、そもそも勤務先で記事を読んでいないようです。

「分かった！　期間Gは休日なんですよ。勤務先から読まないので、お昼休みのセッションが減ったんでしょう？」——そうかもしれないし、そうでないかもしれません。ユーザーメニューのレポートから読み取れたことをまとめると以下のようになります。

期間Nに比べると、期間Gの
- 既存ユーザーは7万3767セッション減った
- お昼休みの時間帯は2万3563セッション減った
- SXGA、XGAのセッションは8万1195セッション減った
- WUXGAのセッションは4199セッション増えた

ユーザーメニューの指標の変化から、「勤務先からアクセスしている既存ユーザーが期間Gではアクセスせず、期間Nと比較してノーリファラートラフィックが減った」という仮説を立て、指標をさらに検討してみます。

常連ユーザーが
トップページを訪れることを証明するには？

「勤務先からアクセスしている既存ユーザーが期間Gではアクセスせず、期間Nと比較してノーリファラートラフィックが減った」という仮説は、どうやって証明したらいいでしょうか？　ノーリファラートラフィックの多くが常連ユーザーだと仮定すれば、常連ユーザーはWebブラウザーに登録したブックマークを「きっかけ」としてWebサイトに訪れるでしょうから、セッション開始時に読むページはサイトトップやカテゴリートップが多くなるはずです。「ノーリファラートラフィックが減ったのは、既存ユーザーの勤務先からのアクセスが減ったから」という仮説が正しいのであれば、ブックマークに登録されているサイトトップやカテゴリートップの「閲覧開始数」も減っているはずです。

Webトラフィックはノーリファラー、参照、検索エンジンの3つに分類できますが、どの場合でも、どこかのWebページを読み始めることでセッ

ションが始まります。各ページの閲覧開始数をコンテンツメニューの「閲覧開始ページ」レポートを見て、サイトトップやカテゴリートップの閲覧開始数が、期間Nよりも期間Gの方が減っていれば、ノーリファラートラフィックの減少は既存ユーザーがサイトトップやカテゴリートップに訪れなくなったから、と説明できそうです。

　では、「サイトトップ」や「カテゴリートップ」という漠然とした概念の閲覧開始数はどうやって調べればいいのでしょうか。このあたりの事情はWebサイトによってまったく異なりますので、皆さんのWebサイトに合った方法を見つけてください。ASCII.jpの場合、通常の記事は「http://ascii.jp/elem/000/000/123/123456/」のような形式のURLになっており、必ずパス名に「/elem/」が入っています。一方、カテゴリートップ(Web Professionalであれば「http://ascii.jp/web/」)のURLは「/elem/」を含みません。つまり、「閲覧開始ページ」レポートで「次の文字を含む」「/elem/」でフィルターをかければ、セッションが記事ページから開始した数が分かり、「次の文字を含まない」「/elem/」でフィルターをかければ、セッションが記事ではないページ(ほぼサイト／カテゴリートップと思ってよい)から開始した数が分かるはずです。

サイト／カテゴリートップからの閲覧開始数

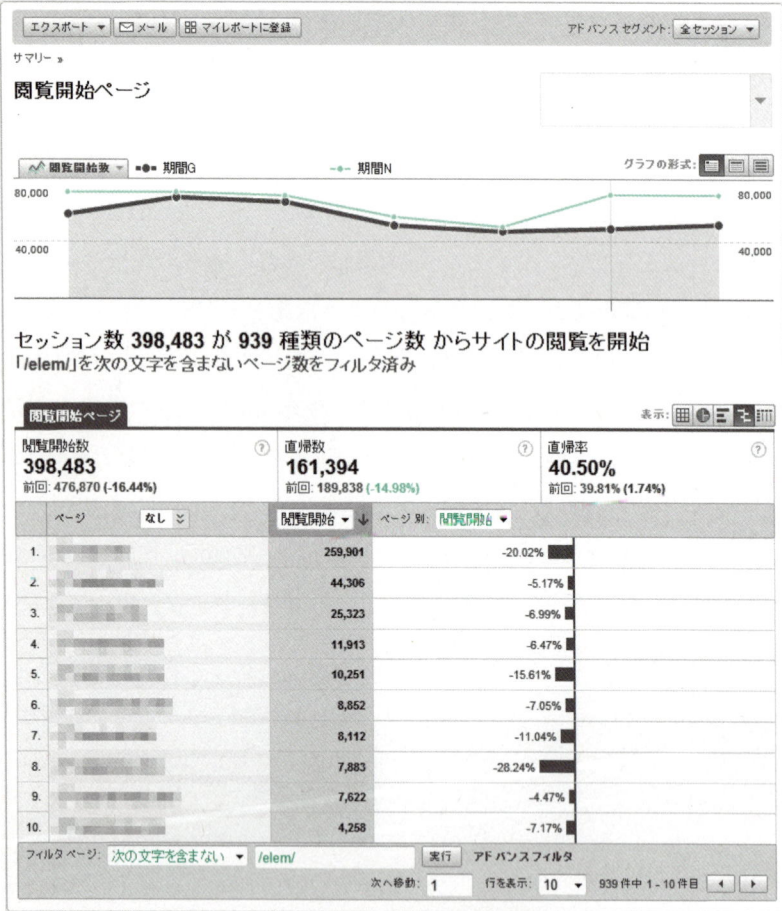

サイトトップとカテゴリートップの傾向を知るために、非記事ページを「/elem/」を含まないページというフィルター条件で取り出した

[3-1] ノーリファラーの分析で常連ユーザーの特徴がわかる

新規ユーザーとリピーター / PC環境 / 閲覧開始ページ

記事ページからの閲覧開始数

記事ページの傾向を知るために、「/elem/」を含むページ
というフィルター条件で記事ページを取り出した

閲覧開始ページが記事ページかどうかで期間Nと期間Gを調べると、はっきりとした傾向があります。**非記事ページからの閲覧開始数は47万6870から39万8483に16.44％減少している**のに対し、**記事ページからの閲覧開始数は逆に60万7378から62万8185に3.43％増加している**のです。また、閲覧開始数全体に占める非記事ページの割合は、期間Nでは43.10％であるのに対し、期間Gでは38.81％に、実数では7万9375セッション分減少していることも分かります。

期間Nと期間Gのトラフィックの減少について、ここまで調べた数字を確認すると、期間Nに比べて期間Gの

- 全体のセッション数は8万2089セッション減少した
- ノーリファラートラフィックは4万582セッション減少した
- 参照トラフィックは8330セッション増加した
- 検索エンジントラフィックは4万9839セッション減少した
- 既存ユーザーは7万3767セッション減少した
- 新規ユーザーは8321セッション減少した
- 非記事ページからの閲覧開始数は7万9375セッション減少した
- 記事ページからの閲覧開始数は2万807セッション増加した

上記の7つの指標の変化を、私なら以下のように読み解きます。

- 全体のセッション数が8万2089セッション減少したのは、既存ユーザーが訪れなかったからである
- 既存ユーザーが訪れなかったことは、既存ユーザーセッション数が7万3767セッション減少したこととして観測されている
- 既存ユーザーが訪れなかったことは、ノーリファラートラフィックが4万582セッション減少したことと、検索エンジン経由で訪れる常連ユーザーが4万9839セッション減少したこととしても観測されている
- 既存ユーザーが訪れなかったことは、非記事ページからの閲覧開始が7万9375セッション減少したことでも観測されている

Google Analyticsの指標間の
相関係数を調べるには？

　「やっぱり期間Gは休日ですよね？　休日で勤務先からアクセスする人が減ったので、ノーリファラートラフィックが減った。仮説は証明されたと思っていいでしょう？」――はい。期間Nは通常の時期、期間Gはゴールデンウィークです。期間Gでお昼休みの時間帯に2万3563セッション減ったのは、ゴールデンウィーク中で、勤務先からアクセスしているユーザーが訪れなくなったからです。しかし、勤務先からのアクセスが減ると、ノーリファラートラフィックが減る、という因果関係で捉えてよいのでしょうか？

　「うーん、それ以外に理由なんて考えられませんよ」――では、データをExcelに出力して、指標間の相関係数を求めてみましょう。

　相関係数とは、2つの変数の類似度を−1～＋1で表す指標のことです。たとえば、数学の得点が高い生徒は理科の得点も高く、数学の得点が低い生徒は理科の得点も低い、という関係があるとき、「数学の得点と理科の得点には正の相関がある」といいます。逆に、数学の得点が高い生徒は社会の得点が低く、数学の得点が低い生徒は社会の得点が高い、という関係があるとき、「数学の得点と社会の得点には負の相関がある」といいます。一般的に、相関の強さは、次のように解釈します。

相関係数	相関係数の解釈例
0.0～±0.2	相関なし
±0.2～±0.4	わずかな相関
±0.4～±0.7	弱い相関
±0.7～±0.9	強い相関
±0.9～±1.0	非常に強い相関

関係が強いか弱いかと、原因―結果の関係にあるかは別の話なので、相関係数は因果関係を表しません。たとえば、雨が降ると、道路が滑りやすくなってタクシーの事故数が増え、傘を差すのが面倒でタクシーの乗車数が増えるとします。このとき、タクシーの事故数とタクシーの乗車数の相関係数は高くなりますが、両者は「雨が降った」という共通の原因によって起きるだけで、「タクシーの事故が増えるとタクシーに乗る人が増える」という因果関係にはありません。

Google Analyticsの指標と外部データを集計しておこう

　相関係数について理解したところで、Google Analyticsの指標間の相関係数を調べてみましょう。以下は、ASCII.jpのあるサブドメインについて、Google Analyticsの指標をCSV形式で出力し、他のデータとともに日ごとに集計したときの画面です。

　「うわー。ここまで細かい作業が必要なんでしょうか？」――いえいえ。Excelに出力して、さらに相関係数まで求めるのは、プロでも滅多にしな

Google Analyticsの各指標をCSV形式で出力し、Excelに貼り付けて作成した集計表

いでしょう。ただ、こういう方法もあることを覚えておけば、仮説を検証するときの役に立つはずです。また、Google Analyticsのデータは25か月で消えてしまいますので、分析まではしなくても、基礎データは集計してとっておくとよいでしょう。

ノーリファラートラフィックが減る理由を相関係数から読み解くには？

Excelに日別のデータをまとめたら、メニューから「分析」→「データ分析」→「データ分析」ダイアログを呼び出し、「相関」を選んで「OK」ボタンを押して、「相関」ダイアログで入力範囲などを設定して「OK」ボタンを押すと、以下のような相関係数の表が計算されます。

		ユーザー				トラフィック				コンテンツ					
		ユーザー数	新規セッション数	新規セッション率	セッション	訪問頻度	ノーリファラー	参照サイト	検索エンジン	平均PV	PV	サイト／カテゴリートップPV	記事ページPV	拡大画像PV	直帰率	平均サイト滞在時間	記事公開本数
ユーザー	ユーザー数	1.00															
	新規セッション数	0.88	1.00														
	新規セッション率	-0.38	0.10	1.00													
	セッション	1.00	0.83	-0.46	1.00												
	訪問頻度	0.23	-0.16	-0.86	0.33	1.00											
トラフィック	ノーリファラー	0.97	0.58	-0.71	0.91	0.64	1.00										
	参照サイト	0.92	0.91	-0.07	0.89	-0.07	0.63	1.00									
	検索エンジン	0.97	0.62	-0.62	0.90	0.59	0.96	0.61	1.00								
コンテンツ	平均PV	-0.12	-0.13	0.00	-0.11	0.12	-0.16	-0.04	-0.13	1.00							
	PV	0.85	0.70	-0.42	0.86	0.37	0.75	0.79	0.77	0.40	1.00						
	サイト／カテゴリートップPV	0.86	0.56	-0.72	0.90	0.64	0.98	0.64	0.93	-0.04	0.80	1.00					
	記事ページPV	0.80	0.69	-0.32	0.80	0.26	0.65	0.79	0.67	0.48	0.99	0.70	1.00				
	拡大画像PV	0.27	0.31	0.04	0.26	-0.02	0.10	0.36	0.15	0.75	0.61	0.18	0.67	1.00			
	直帰率	-0.49	-0.24	0.56	-0.53	-0.54	-0.55	-0.41	-0.51	-0.42	-0.74	-0.61	-0.73	-0.44	1.00		
	平均サイト滞在時間	0.36	0.23	-0.32	0.40	0.45	0.37	0.32	0.41	0.67	0.71	0.41	0.74	0.51	-0.75	1.00	
	記事公開本数	0.74	0.42	-0.73	0.77	0.59	0.87	0.54	0.80	-0.17	0.63	0.86	0.53	0.06	-0.49	0.27	1.00

指標間の相関係数をExcelで計算したところ

相関係数の表からはたくさんのことが読み取れますが、Webサイトの特性を知らないと読み誤る危険性が高いので本当に注意してください。上記はあくまでもASCII.jpのあるサブドメインについての相関係数です。

[3-1]は「**ノーリファラートラフィック減少の原因を探る**」のがテーマで

す。指標は「ユーザー」「トラフィック」「コンテンツ」というGoogle Analyticsのメニュー順に並んでいますので、ノーリファラートラフィック増減の原因は、「ユーザー」グループの指標に現れているはずです。そこで、ノーリファラー行の「ユーザー」列を読んでいくと、ユーザー数とノーリファラーの相関係数が0.86（強い相関）となっており、「ユーザー数が多いときはノーリファラーも多い」ことが分かります。とはいえ、新規ユーザー数とノーリファラーの相関係数は0.61（弱い相関）ですが、新規ユーザー率とノーリファラーの相関係数は-0.57（弱い負の相関）になっていて、新規ユーザーの実数が多いときと割合が高いときで、ノーリファラートラフィックとの相関が一見真逆になっています。

　いろいろ解釈の仕方がありますが、そもそも新規ユーザーがノーリファラートラフィックとして訪れるはずがありませんので、私なら、新規ユーザー数とノーリファラーの相関はひとまず置いておき、新規ユーザー率とノーリファラーの相関係数が-0.57であることに注目します。新規ユーザーよりも既存ユーザーの割合が多い日は、常連ユーザーのアクセスが多く、ノーリファラートラフィックが増える、と考えた方がWebトラフィックのモデルに合致するからです。

　今度は、ノーリファラートラフィックの増減がどんな結果を生むのかを調べるために、ノーリファラー列の「コンテンツ」行を読んでいくと、ノーリファラーとサイト／カテゴリートップの相関係数が0.92（非常に強い相関）となっており、**「ノーリファラーが多いときはサイト／カテゴリートップのPVも多い」**ことが分かります。ブックマーク経由で訪れる常連ユーザーが最初に訪れるのはサイト／カテゴリートップのはずなので、ノーリファラーとサイト／カテゴリートップの相関が非常に強いことは、モデルに合致します。このように、相関係数から因果関係を紡ぎ出すときは、無理な仮説を立てず、モデルどおり、「常識的に考えてこうだろう」に合致しているかどうかで判断するとよいでしょう。

ゴールデンウィークに
ノーリファラートラフィックが減る本当の理由は？

　どうしてノーリファラーが多いときはサイト／カテゴリートップのPVも多くなるのでしょうか。「サイト／カテゴリートップ」列を読んでいくと、サイト／カテゴリートップと記事公開本数の相関係数が0.69（弱い相関）あり、「サイト／カテゴリートップのPVが多いときは記事公開本数も多い」ことが分かります。以上をまとめると、次のようなノーリファラートラフィック増減の仮説が立てられます。

- 常連ユーザーはWebサイトの更新をブックマーク経由で訪れて確認している
- 記事の更新頻度が高いと常連ユーザーが何度も確認に訪れる
- 常連ユーザーが何度も確認に訪れるとサイト／カテゴリートップのPVが増える
- サイト／カテゴリートップのPVが増えると、ノーリファラートラフィックが多くなる
- ノーリファラートラフィックが多い日は新規ユーザー率が低くなる

　こうして指標の相関係数を求めると、「勤務先からアクセスしている既存ユーザーがゴールデンウィーク中にアクセスせず、通常時と比較してノーリファラートラフィックが減った」という仮説が、証明されていないことが分かります。

　「ええ!?」──ゴールデンウィーク中は記事の更新も滞りますので、ゴールデンウィークで常連ユーザーが勤務中からアクセスせず、記事を更新しても常連ユーザーが来ない状況だったのか、記事の更新がないので常連ユーザーが来なくなり、ノーリファラートラフィックが減ったのか、分からないからです。

　「では、結局何も分からないということでしょうか。なんだかアクセス

解析って徒労のような気がします」──そんなことはありませんよ。「ゴールデンウィーク中で記事を更新しなかったからノーリファラートラフィックが減った」仮説は、土日に記事を投入して反応を調べたり、ゴールデンウィークとひとくくりにせず、カレンダー上は平日で、記事の投入があった日はどうだったのか調べたりすれば検証できます。サンプル調査しかできない従来のマーケティングと異なり、Webマーケティングでは対象すべてを調査し、指標が取れる範囲では「こうだった」と断言できるのが特徴です。

　「なるほど。では、今回のようにトラフィックの増減の原因を調べるのは何の意味があるんでしょうか？　確かWebサイトの目的を決めないと、アクセスを解析しても無意味という話だったと思いますよ」──むむむ。「休日だったから説」が証明されず、本質的なところで攻めてきましたね。

　ノーリファラートラフィック減少の理由を詳細に検討することに何の意味があるのかは、Webサイトの収益モデル（目的）によって異なります。たとえば、広告モデルのメディアサイトで、インプレッションで収入が発生するとしたら、記事の投入を多くして、常連ユーザーが更新の確認に訪れる頻度を高めれば、収入も増えるはずです。また、eコマースモデルのECサイトで、新商品が出るたびに常連ユーザーが買ってくれるとしたら、新商品の投入頻度を高めれば、収入も増えるはずです。

　重要なことは、**担当するWebサイトのトラフィックがどのようなメカニズムで生まれるのかしっかり頭に入れておくこと**です。どんな原因でどんなトラフィックが増えるのか把握し、かけるコストと収入のバランスさえ間違えなければ、Webサイトの運営は必ずうまくいきます。

[3-2] リニューアルの成否をノーリファラーの指標で判定する

Analytics　Excel

[3-2]では、Webサイト内の「回遊」を取り上げます。回遊とは、Webサイトを訪れたユーザーが、閲覧開始ページから次々とコンテンツを読み進めていくことです。ASCII.jpのようなメディアサイトであれば、コンテンツの読み進め方でユーザーの嗜好や興味の深さが分かりますし、ECサイトであれば、回遊の様子を見ることで(潜在的な)お客様の来訪動機や目的まで推定できます。特にノーリファラートラフィックは、検索エンジンや参照元サイト経由とは異なり、ユーザーがWebサイトを訪れるきっかけが何だったかの証拠がつかみにくいので、サイト内のユーザーの回遊を把握することが重要です。

一方、Webサイトを長く運営すると、コンテンツが蓄積され、サイト全体をリニューアルする必要に迫られます。時流に合わせてコンテンツを整備すると、蓄積されたコンテンツ全体が生み出すサイト全体の方向と、当初の設計に必ずズレが生じます。カテゴリーや動線計画を見直さないと、獲得したユーザーの嗜好に合わず、使いにくい、探しにくいWebサイトになってしまうので、リニューアルでズレを解消するのです。

「回遊とリニューアルはどんな関係にあるんでしょうか？　どう考えても別の話ですよね」──リニューアルの目的は、**回遊を促すこと**です。別の言い方をすると、リニューアルの目的は、直帰率を低め、セッション中のページビュー(平均ページビュー)を増やすことです。メディアサイトやプロモーションサイトであれば、より多くのコンテンツを読んでもらい、滞在時間を増やすことですし、ECサイトや資料請求サイトであれば、購入や資料請求につながる動線を整備することです。したがっ

て、リニューアルの計画段階で、必ず成否の指標を設定しましょう。成否の指標が明確でないリニューアル計画は、初めから失敗しています。

Webサイトの問題点を把握するには?

　リニューアルの前に、現状を把握します。以下はASCII.jpのあるサブドメインの概要です。

セッション数	255万2832セッション
ノーリファラー	87万3133セッション
	34.20%
参照サイト	74万7784セッション
	29.29%
検索エンジン	93万1861セッション
	36.50%
ユニークユーザー	108万1808UU
ページビュー	941万4312PV
平均ページビュー数	3.69PV
平均サイト滞在時間	2分55秒
直帰率	48.10%
新規セッション率	27.89%

　実は、この表をどんなに眺めていても、リニューアルの方針は見えません。Google Analyticsにはリニューアルの参考になる適切なレポートがないのです。そこで私がASCII.jpのリニューアル用に作った分析シート（ユーザーサマリーシート）を紹介します[9]。

　ユーザーサマリーシートは、Google Analyticsの指標を転記して、ユー

---

[9] http://go.ascii.jp/?ga02

[3-2] リニューアルの成否をノーリファラーの指標で判定する

概要 / リピート訪問数 / 新規ユーザーとリピーター

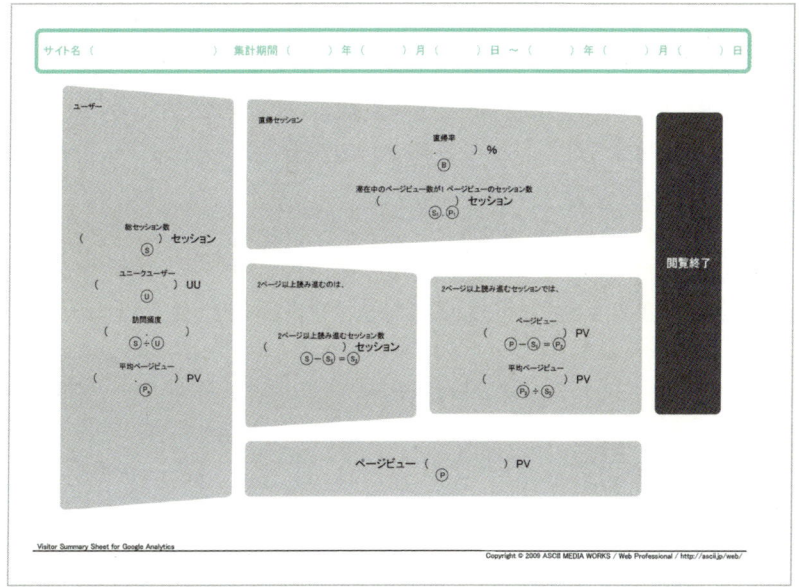

ユーザーサマリーシート。Webサイトから
PDFデータをダウンロードできます

ザーのWebサイト内の回遊状況を把握するために使います。

「『直帰セッション』ってなんでしょうか？」──1ページしか読まずに帰ってしまうセッションのことです。**直帰セッションのユーザーはサイト内で何も行動していませんので、行動を分析できません**。滞在時間が0秒の場合もありますので、アクセスを解析する意味がないのです。しかし、Google Analyticsの平均ページビューは、直帰したユーザーの1ページ分を含んでいます。直帰セッションを除外して平均ページビューを見るのがユーザーサマリーシートの目的です。

次ページの表は、ユーザーサマリーシートに記入する値を表に置き換えたものです。

総セッション数、ユニークユーザー、平均ページビュー、直帰率、ページビューは「ユーザー」→「概要」メニューの「ユーザーサマリー」レポートから転記します。滞在中のページビュー数が1ページビューのセッション数は、「ユーザー」→「リピート訪問数」→「滞在中のページビュー数」メニューの「滞在中のページビュー数」レポートから、1ページビューのセッション数を転記します。

総セッション数 S		2,552,832
ユニークユーザー U		1,081,808
訪問頻度 $S \div U$		2.36
平均ページビュー P_a		3.69
直帰セッション	直帰率 B	48.10%
	滞在中のページビュー数が1ページビューのセッション数 S_1, P_1	1,227,982
非直帰セッション	2ページ以上読み進むセッション数 $S - S_1 = S_2$	1,324,850
	ページビュー $P - S_1 = P_2$	8,186,330
	平均ページビュー $P_2 \div S_2$	6.18
ページビュー P		9,414,312

　全体の平均ページビューは3.69でしたが、非直帰セッション（2ページ以上読むユーザーのセッション）では平均6.18ページ読まれています。ただし、「非直帰セッションの平均ページビューは6.18」も誤解のもとです。このサブドメインの滞在中のページビュー数は以下のように、1ページに次いで2ページが多く、「平均ページビュー6.18」は、**あくまで平均**です。

[3-2] リニューアルの成否をノーリファラーの指標で判定する

概要 / リピート訪問数 / 新規ユーザーとリピーター

現在のセッションを含めたこのビジターのセッション数	ビジターの合計セッション数	全セッションの割合
1回	852,686.00	28.36%
2回	270,926.00	9.01%
3回	154,730.00	5.15%
4回	107,312.00	3.57%
5回	81,711.00	2.72%
6回	66,337.00	2.21%
7回	56,000.00	1.86%
8回	47,850.00	1.59%
9-14回	200,412.00	6.67%
15-25回	209,638.00	6.97%
26-50回	246,395.00	8.19%
51-100回	259,582.00	8.63%
101-200回	250,025.00	8.32%
201+回	203,198.00	6.76%

「滞在中のページビュー数」レポートは、「ユーザー」→「リピート訪問数」→「滞在中のページビュー数」メニューで表示する

新規ユーザーとリピーターの非直帰セッションを調べるには？

　ユーザーサマリーシートを使うと、ノーリファラー、参照サイト、検索エンジンといったトラフィック別、新規ユーザーとリピーターでも非直帰セッションの平均ページビューを把握できます。[3-2]のテーマはリニューアルですので、初めてWebサイトを訪れ、使い勝手に戸惑ってしまう**新規ユーザー**と、多少不便でも使い勝手になれてしまった**リピーター**を比較し、Webサイトの問題点を洗い出します。

以下は、ユーザーサマリーシートに記入する新規ユーザーの指標です。総セッション数(この場合は単に「セッション数」です)、平均ページビュー、直帰率は「ユーザー」→「新規ユーザーとリピーター」メニューで表示される「新規ユーザーとリピーター」レポートで「New Visitor」をドリルダウンしたレポートから転記します。新規ユーザーの「滞在中のページビュー数が1ページビューのセッション数」は分かりませんので、**新規ユーザーのセッション数×直帰率**を計算して求めます。新規ユーザーの「ページビュー」も分かりませんので、**総セッション数×平均ページビュー**を計算して求めます。

総セッション数 S		718,786
ユニークユーザー U		
訪問頻度 $S \div U$		-
平均ページビュー P_a		2.93
直帰セッション	直帰率 B	58.38%
	滞在中のページビュー数が1ページビューのセッション数 (新規ユーザーのセッション数×直帰率) S_1, P_1	419,627
非直帰セッション	2ページ以上読み進むセッション数 $S - S_1 = S_2$	299,159
	ページビュー $P - S_1 = P_2$	1,686,416
	平均ページビュー $P_2 \div S_2$	5.64
ページビュー(総セッション数×平均ページビュー) P		2,106,043

[3-2] リニューアルの成否をノーリファラーの指標で判定する

概要　リピート訪問数　新規ユーザーとリピーター

次に、リピーターの指標もユーザーサマリーシートに記入します。新規ユーザーと同様、「新規ユーザーとリピーター」レポートで「Returning Visitor」をドリルダウンし、Google Analyticsからリピーターの指標を計算します。

総セッション数 S		1,834,046
ユニークユーザー U		-
訪問頻度 $S \div U$		-
平均ページビュー P_a		3.99
直帰セッション	直帰率 B	44.07%
	滞在中のページビュー数が1ページビューのセッション数（新規ユーザーのセッション数×直帰率）S_1, P_1	808,264
非直帰セッション	2ページ以上読み進むセッション数 $S-S_1=S_2$	1,025,782
	ページビュー $P-S_1=P_2$	6,509,580
	平均ページビュー $P_2 \div S_2$	6.34
ページビュー（総セッション数×平均ページビュー）P		7,317,844

以上で、Webサイト全体と新規ユーザーとリピーターの指標がそろいました。リニューアルの目的は回遊を促すことですので、必要な指標は直帰セッションと非直帰セッションの直帰率と平均ページビューです。

	Webサイト全体	新規ユーザー	リピーター
直帰率	48.10%	58.38%	44.07%
非直帰セッションの平均ページビュー	6.18	5.64	6.34

メディアサイトに新規ユーザーが訪れるのは、iPhoneの面白いアプリケーションはないか検索エンジンで探していて、たまたまASCII.jpを訪れたり、ニコニコ動画の話題を取り上げているブログのリンクをクリックしたらASCII.jpの記事だったりするように、参照元サイトや検索エンジンから、記事ページを直接訪れることがきっかけになることが多いです。新規ユーザーは訪問するきっかけが満たされなければ直帰しますし、満たされればコンテンツを読み進めてくれます。何度か繰り返すうちに常連化していくわけです。こうして常連化したリピーターは、ブックマークしているサイト／カテゴリートップの更新を確認するために閲覧を開始することが多く、更新していなければ直帰します。ちょっと分かりにくいので表にしましょう。

メディアサイトの訪問理由と離脱理由

	新規ユーザー	リピーター
訪問するきっかけ	●参照元サイトや検索エンジンから記事ページを訪れる	●ブックマーク経由でサイト／カテゴリートップの更新を確認しにくる ●参照元サイトや検索エンジンから再訪する
直帰する理由	●期待しているコンテンツではなかった	●更新されていなかった ●期待しているコンテンツではなかった

　メディアサイトの訪問理由と離脱理由を頭に入れ、もう一度直帰率と平均ページビューの表を見てみます。新規ユーザーの直帰率が58.38％で、Webサイト全体の直帰率48.10％よりも高い理由は、**記事ページの内容が期待に反していた、**と考えられます。一方、リピーターの直帰率が44.07％で、Webサイト全体の直帰率48.10％とあまり変わりませんが、更新頻度が高いのか低いのかまでは読み取れません。

　「直帰率は低い方がいいと思うのですが、どのくらいが適切なんでしょうか？」──Webサイトの使われ方によって異なります。メディアサイト（ニュース系ブログも含む）のユーザーは、「ニュースを読む」という漠

然とした目的で訪れますので、45±10%が目安です。ブログのように1本あたりが短く、複数のページにわたる記事が少ないサイトでは、直帰率が70±10%になることがあります。一方、「続きはWebで」と検索エンジンから誘導されて来るプロモーションサイトなどの場合、30±10%程度の非常に低い直帰率になることがあります。

　非直帰セッションの平均ページビューはどうでしょうか。新規ユーザーの非直帰セッションの平均ページビューは5.64でWebサイト全体の6.18よりもやや少ないのは、記事ページから読み始めるのでサイト／カテゴリートップの1ページ分が含まれていないからでしょう。リピーターの非直帰セッションの平均ページビューが6.34でWebサイト全体の6.18とほとんど同じなのは、セッション数の多くを占めるリピーターが、サイト／カテゴリートップから読み進めるからでしょう。

　こうしてみると、新規ユーザーの直帰率を改善するには、

〈記事ページ〉
- 初めて訪れたユーザーが「関係のないページだ」と一瞬で判断しないように、コンテンツ以外の要素が目立たないように工夫する
- 次のページ、関連記事への誘導を工夫する

　とよいと分かります。また、リピーターの直帰率を改善するには、

〈サイト／カテゴリートップ〉
- 記事の更新がはっきり分かるように工夫する
- 読みたくなるように見出しを工夫する

　とよいと分かります。

リニューアル成功でノーリファラートラフィックが33%も減少!!

　ASCII.jpは、2008年4月に大規模なリニューアルを実施しました。リニューアルの目的は、サイト／カテゴリートップや記事ページの構成要

素を整理し、記事の見出しを目立たせ、更新したことが分かりやすく、ユーザーにとって有意義なページに見せ、平均ページビューを増やすことでページビュー全体を底上げすることです。以下は、リニューアル前後のあるサブドメインの指標です。

	リニューアル前	リニューアル後	変化率
セッション数	255万2832	300万6802	17.78%
ノーリファラー	87万3133 (34.2%)	69万146 (22.95%)	-32.89%
参照サイト	74万7784 (29.29%)	111万20 (36.92%)	26.03%
検索エンジン	93万1861 (36.5%)	120万6611 (40.13%)	9.93%
ユニークユーザー	108万1808	133万1816	23.11%
ページビュー	941万4312	1380万435	46.59%
平均ページビュー数	3.69	4.59	24.46%
平均サイト滞在時間	2分55秒	3分4秒	5.43%
直帰率	48.10%	44.35%	-7.80%
新規セッション率	27.89%	28.22%	1.18%

　このリニューアルでは、カテゴリー構成の見直しやSEOなど、さまざまな施策を同時に実施していますので、ここでは、このサブドメインでページビューが約46％増加したことと、ノーリファラートラフィックが約33％減少したことに注目してください。

　ページビューが全体で大幅に増えたとはいえ、**ノーリファラートラフィックが33％も減少**するのは尋常でありません。ユーザーサマリーシートで分析してみましょう。ノーリファラートラフィックは、ブックマークやメールマガジンのリンク、RSSフィードなど、リピーター（既存ユーザー）からのアクセスと同等と考えられるので、リニューアル前後の直帰率と非直帰セッションの平均ページビューをリピーターについて調べます。以下は、ユーザーサマリーシートをまとめた表です。

	リニューアル前	リニューアル後
リピーターの直帰率	44.07%	40.68%
リピーターの非直帰セッションの平均ページビュー	6.34	7.73

　リピーターからのアクセスと考えられるノーリファラートラフィックが33%も減少しているのに、リピーターの直帰率は44.07%から40.68%に、リピーターの非直帰セッションの平均ページビューは6.34から7.73に改善しています。ノーリファラートラフィックのセッション数が減っているといっても、直帰率も平均ページビューも、意図したとおりに改善しているので、リピーターに嫌われたとは考えにくく、リニューアルは成功のはずです。いったい何が起きたのでしょうか。

リニューアルが成功すると失敗する原因とは？

　メディアサイトの常識として、**Webサイトをリニューアルするとページビューが減ります**。あるニュースサイトのリニューアル担当者は、「リニューアルすると使い勝手が変わってリピーターがあまりページを読まなくなり、ページビューが減る。しかし、どうしても読みたいニュースがあると、多少不慣れでも読み進めてくれる。リニューアル後の選挙や大事件を境に、ページビューが元に戻る傾向がある」と言っていました。

　もちろん、ここでお見せしたASCII.jpのように、Webサイトをリニューアルして、ページビューなど多くの指標がのきなみ改善し、ノーリファラーのセッション数だけが減ることもあります。いずれにしてもリニューアルは鬼門です。ASCII.jpの場合も、ノーリファラーの割合がもっと多く、他の施策を同時に実施していなければ、「リニューアル失敗」と判定され、私もこの本を書いていたか疑問です。

　では、ノーリファラーのセッション数はなぜ33%（18万2987セッション）も減少したのでしょうか。Google Analyticsのメニューは因果関係順

に並んでいますので、**トラフィックメニューの指標が変化したとき、その原因はユーザーメニューのレポートにあるはずです**。レポートを見ていくと、「ユーザー」→「リピート訪問数」→「リピートセッション数」メニューで表示する**「セッション詳細」**レポートで、指標が大きく変化していました。

「セッション詳細」レポートのセッション数が少ない方にはリニューアル前後でほとんど変化がありません。しかし、繰り返すセッション数がもともと多い9回以上になると、リニューアル前後に違いが出てきます。

まず、セッション数が15〜50回を合計すると、リニューアル前の57万1099セッションからリニューアル後の45万6033へ、11万5066セッション減っています。また、51回以上を合計すると、リニューアル前の37万8847セッションからリニューアル後の71万2805へ、33万3958セッション増えています。ASCII.jpはGoogle Analyticsでの指標を公開していませんので、集計期間が何日間なのかなど、詳しい事情を書けないのが残念ですが、ある期間中、このサブドメインに15〜50回訪れるミドルユーザーのセッション数が減り、51回以上訪れるヘビーユーザーのセッション数が増えた、というわけです。

リニューアルの目的は、サイト／カテゴリートップの構成要素を整理し、記事の見出しを目立たせ、更新したことを分かりやすくすることでした。では、更新を確認しに訪れたリピーターが新しい記事を見つけて読み進めたとき、次のセッションまでの間隔は短くなるでしょうか、長くなるでしょうか。

ニュースサイトのユーザーは、ASCII.jpだけを読んでいるわけではありません。一般ニュースやIT系ニュースなど、更新確認の巡回ルートがあります。新しい記事を見つけて読むと、「何かニュースは無いのか？」という願望は満たされ、「ASCII.jpのニュースは読んだ」と心の中でフラグが立ち、次に更新を確認しにくるまでの間隔は長くなる、というのが私の

[3-2] リニューアルの成否をノーリファラーの指標で判定する

集計期間中、同じユーザーのセッションが何回
あったかを見る「セッション詳細」レポート

解釈です。

　一方、ASCII.jpを本当に気に入ってくれたユーザーは、巡回ルートにあった他のサイトの更新よりも、「ASCII.jpで新しい記事が読みたい」とヘビーユーザー化するはずです。期間中に51回以上訪れるヘビーユーザーのセッション数が増えたのは、Webサイトの構成はもちろん、リニューアルに合わせて楽しい記事を増やした編集部の功績でしょう。

　つまり、リニューアルが成功してWebサイトの構成が改善されると、何度も訪れてすぐに帰る人が減り、1度にたくさん読む人が増えて、平均ページビューが増えても、セッション数は減る、という現象が起こりうるのです。リニューアルでノーリファラーのセッション数が33％も減少したのは、**サイト構成上の問題が解決され、新しい記事が探しやすいデザインになったのが原因**、という仮説が立てられます。

　「え、今回の結論なのに仮説なんですか？　なんだか言い逃げのような……」──リニューアルは、Webサイトの性質や、改善前の状況によって同じ施策をとっても成否は異なります。ASCII.jpのリニューアルについては、長期間の指標の状況から、ノーリファラートラフィックの平均ページビューが増えたことで、ノーリファラートラフィックのセッション数は減った、という因果関係で捉えていますが、当初は理由が分かりませんでした。もともとノーリファラーの割合が多ければ、リニューアルが成功しても失敗とみなされるケースもあるでしょう。また、読者の皆さんのWebサイトで同じことがいえるかは分かりません。**「こういう仮説もあるのか」程度に理解し、自分自身で検証することを忘れないでください。**Google Analyticsはそのためのツールです。

[3-3] 離脱ページを分析してユーザーの感想を知る

　[3-3]では、「離脱ページ」を取り上げます。離脱ページとは、ユーザーがセッションの最後に読んだページのことです。[3-1]で取り上げたノーリファラーの閲覧開始ページでは、ユーザーがWebサイトにどのような動機で訪れるのかをアクセス解析から検討し、[3-2]ではサイト内の回遊を取り上げました。[3-3]では、サイト内の回遊が終了したページを分析する方法を紹介します。

　離脱ページを見ると、ユーザーがコンテンツに満足したか、不満を持って出ていったのかが分かります。ただし、ノーリファラートラフィックに限って離脱ページを調べる方法はありませんので[*10]、[3-3]ではノーリファラートラフィックに限定せず、離脱ページの課題を把握するための手法を取り上げます。

　「離脱率を分析するといっても、離脱率は単純に高ければダメなページ、低ければ出来のよいページではないんでしょうか？」——離脱率は「Google Analyticsの罠」のひとつです。Google Analyticsの一部の入門書には、離脱率について、かなりいい加減な説明をしています。離脱率はユーザーが最後に読むページですので、メディアサイトであれば記事の最終ページ、ECサイトであれば購入完了ページの離脱率が高いのは、むしろよいことです。

---

*10　2008年10月に追加された機能「アドバンスセグメント」を使うと、ノーリファラーや参照サイト、検索エンジンのトラフィック別に、離脱ページの指標を取り出せるが、アドバンスセグメントはサンプルデータに基づく分析になるので、[3-3]はサイトの離脱率を使って説明する。アドバンスセグメントについては[3-6]で説明している。

離脱率が高い≠不満が大きい

実際に、離脱ページのレポートを見てみましょう。

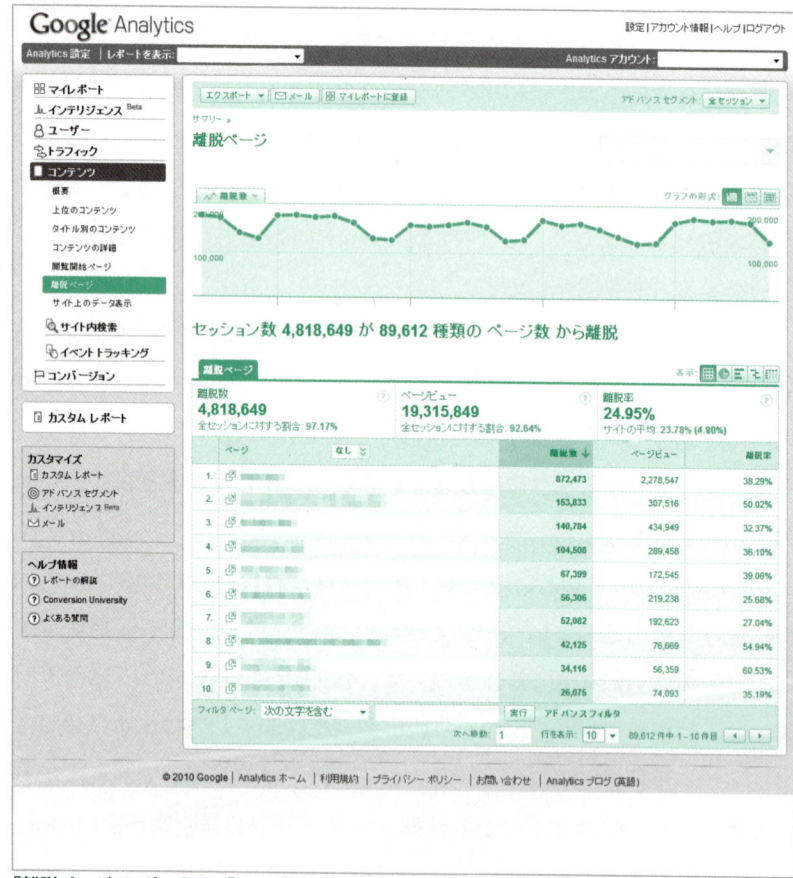

「離脱ページ」レポートは、「コンテンツ」→「離脱ページ」メニューで表示できる

　離脱ページのレポートでは、(1)「離脱数」、(2)離脱ページの「ページビュー」、(3)離脱数÷離脱ページのページビューで計算される「離脱率」という3つの指標を確認できます。Google Analyticsは、離脱ページを離

脱数の多い順に表示しますので、離脱数の多いページに問題があるかのような印象を受けますが、まったくそんなことはありません。

　たとえば、常連ユーザーがブックマークからサイトトップを訪れ、新着記事を確認し、興味を持った記事1本だけを読んで満足してブラウザーを閉じたとします。この記事が4ページで構成されるものだとすると、4ページ目の離脱率が高くなりますが、4ページ目に問題があるわけではありません。4ページの続き物なのに、1ページ目の離脱率が高ければ問題があるでしょう。4ページ目の離脱率が低く、関連記事を読んでいるとしたら、4ページ目に不満があり、不満を解消するために他の記事に飛んだ、という解釈も可能です。**離脱率の高・低だけを見てページを評価するのはまったく馬鹿げた話です。**

離脱ページレポートを
Excelにエクスポートして分析する準備

　離脱ページのように、数値が多い順に並ぶレポートの多くは、Google Analyticsだけではアクセス解析にならないことがあります。そんなときは**Excelにエクスポートし、データを加工すると、Google Analyticsでは見えなかった世界が見えてきます。**

　エクスポートされるデータの件数は、右下のドロップダウンリストで指定するレポートの表示行数で決まります。通常のレポートは10件ずつ表示されますので、エクスポート時は最大の500件に設定するとよいでしょう。

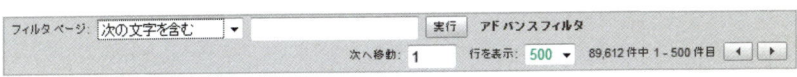

レポートの表示件数は、エクスポート件数の設定を兼ねている

日本語版のExcelはCSVの文字コードをシフトJISとみなすので、UTF-8でエクスポートする「CSV形式」（カンマ区切り）や「TSV形式」（タブ区切り）では、Excelに読み込んだ後で日本語部分が文字化けしてしまう。Excelへのエクスポート時は、「CSV形式(Excel)」を選ぶ

　Google AnalyticsのデータをExcelにエクスポートするには、左上にある「エクスポート」メニューから「CSV形式(Excel)」を選びます。

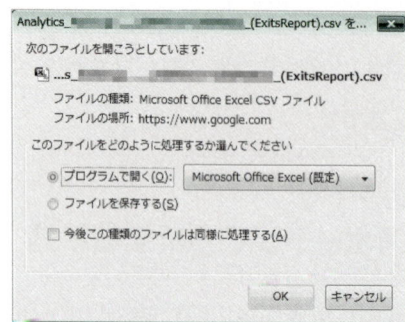

Webブラウザー標準のダウンロードフォルダに保存したり、Google Analytics専用のダウンロードフォルダを用意したりして保存する

[3-3] 離脱ページを分析してユーザーの感想を知る

離脱ページ

　「CSV形式(Excel)」のリンクをクリックすると、ダウンロードの確認ダイアログが表示されますので、「OK」を押します。

　ダウンロードしたCSVデータを開くと、以下のように表示されます(以降の解説はExcel2007をベースに進めます)。

　Excelで離脱ページを分析するときに必要なのはURLごとの離脱数、ページビュー、離脱率ですので、冒頭部分(「#table」より前の部分)は削除します。

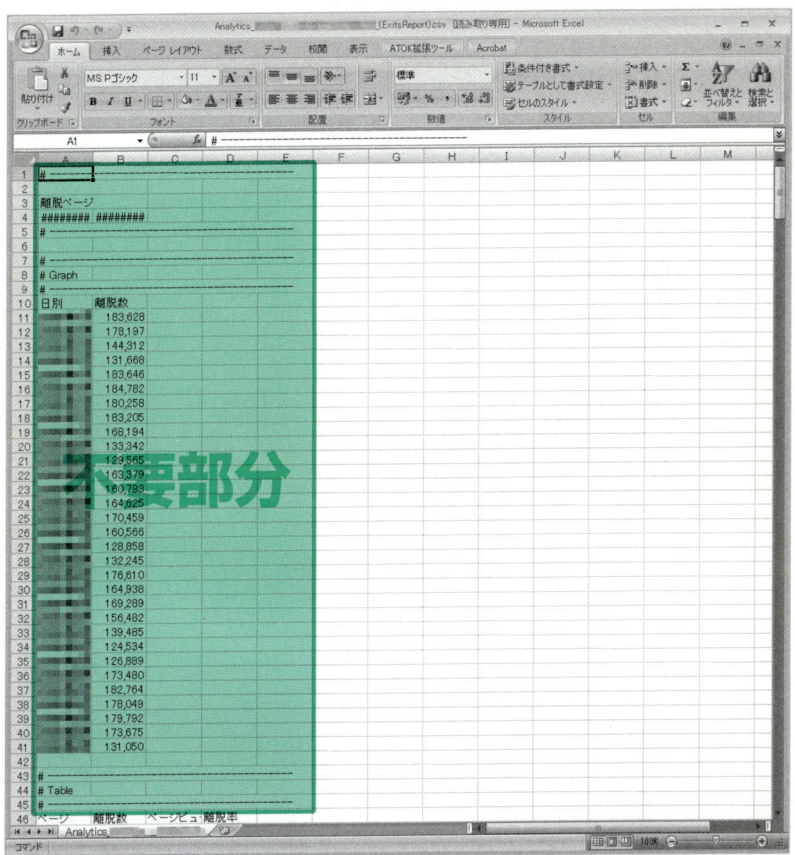

冒頭の不要部分を削除し、URLごとの離脱ページのデータだけ残す

次に、数値の書式を整えます。離脱数、ページビューはカンマ区切り、離脱率は小数点以下第2位までの％形式にするとよいでしょう。

以上で、分析の準備が整いました。

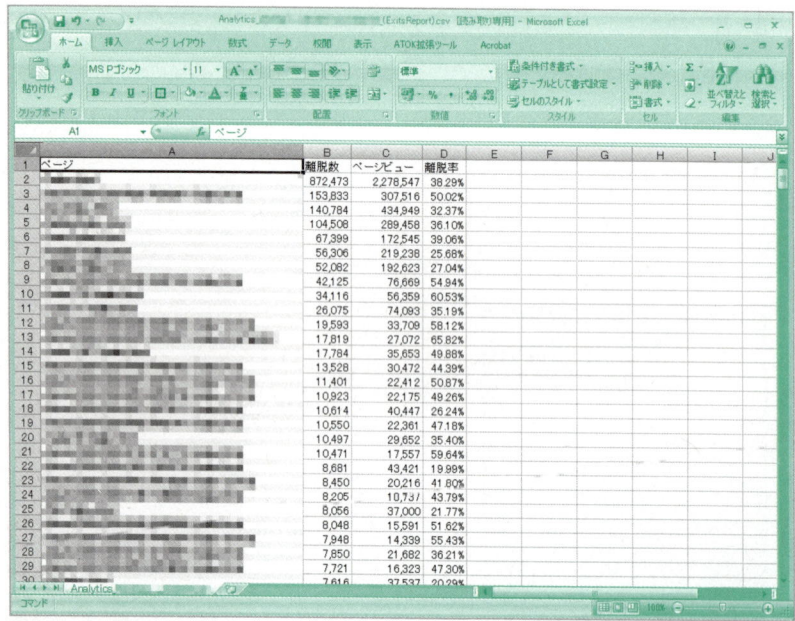

数値の表示形式はお好みで

[3-3] 離脱ページを分析してユーザーの感想を知る

「離脱ページ」レポートを
Excelで分析するには?

「Excelでいったい何を分析するんでしょうか?」——Google Analyticsのレポートは表形式なので、指標を使ってデータを分類するのです。「離脱ページ」レポートには、「ページ」「離脱数」「ページビュー」「離脱率」という4つの指標があります。知りたいのは、「高くてもよい離脱率」と「低い方がよい離脱率」です。ページ数が少ない場合は、すべてのページを対象に分析しますが、500件インポートしたので些末なデータも含まれています。そこで、離脱数が平均以下のデータをフィルターで除外します。

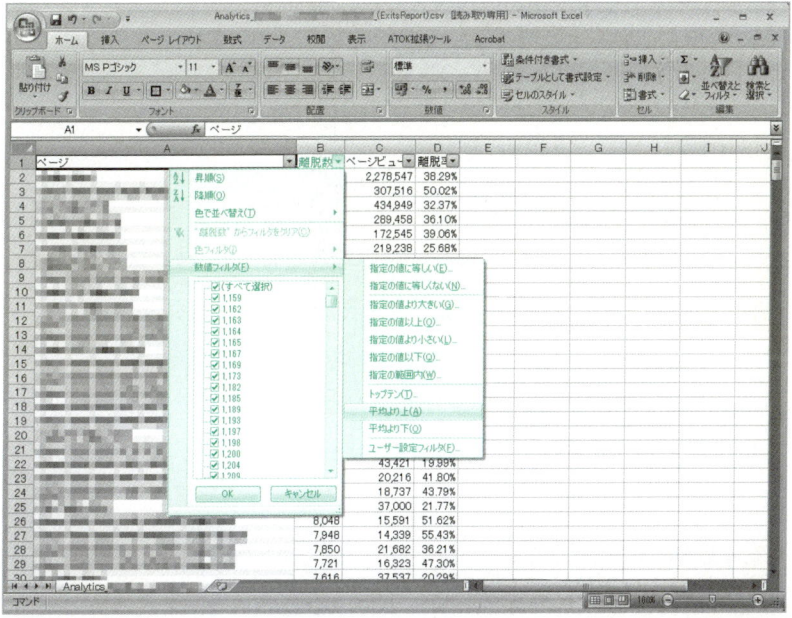

「ホーム」メニューの「編集」→「並べ替えとフィルタ」で「フィルタ」を選び、「離脱数」列で「数値フィルタ」→「平均より上」を選んで、離脱数が平均以下のデータをフィルターで除外する

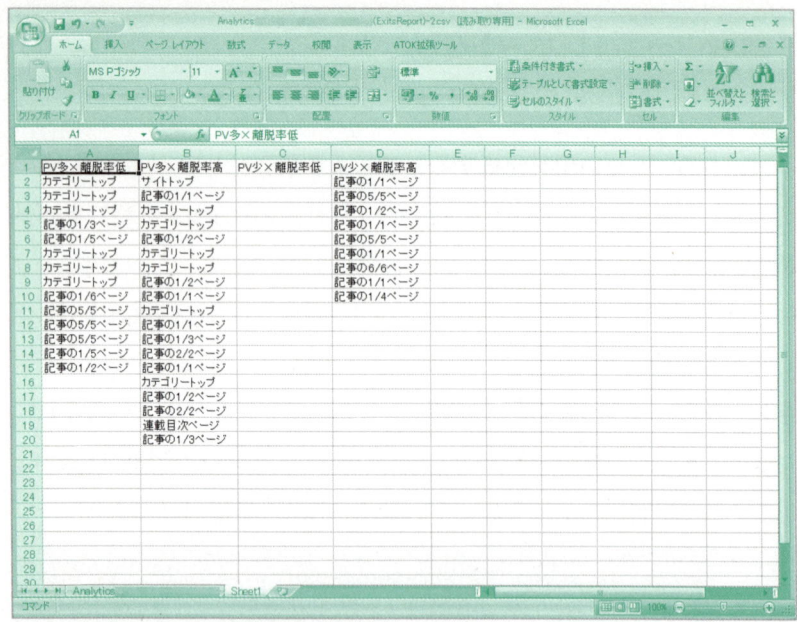

4象限に分類するが、もともと離脱数が平均よりも多い
データにフィルターしているので、「ページビューが平均
より下×離脱率が平均より下」の部分は空になる

　次に、新しいシートを作成し、すぐ元のシートに戻ります。ページビューと離脱率をフィルターで「平均より上」「平均より下」に絞り込み、ページ(URL)の列だけを新しいシートにコピー&ペーストします。つまり、

●ページビューが平均より上×離脱率が平均より下
●ページビューが平均より上×離脱率が平均より上
●ページビューが平均より下×離脱率が平均より下
●ページビューが平均より下×離脱率が平均より上

の4象限にページ(URL)を分類するのです。

　ASCII.jpは記事ごと、カテゴリーごとのGoogle Analyticsのデータを公開していませんので、上の画面ではURLをページの種別に置き換えています。しかし、こうして分類すると、離脱率の持つ意味がURLごとに異なることが分かります。順に見ていきましょう。

ページビューが平均より上
×離脱率が平均より下（PV多×離脱率低）

　ページビューが平均よりも多く、離脱率が平均よりも低いカテゴリーページは、ページビューが多いのでカテゴリーとしての集客力があり、離脱率が低い（カテゴリーページでセッションが終了しない）ので、そのカテゴリーに所属する記事ページへの送客力もあることを意味します。

　一方、ページビューが平均よりも多く、離脱率が平均よりも低い記事ページは、ページビューが多いのでよいページといえそうです。ただし、1ページなのか最終ページなのかで少しだけ意味が異なります。記事ページの1ページ目の離脱率が低いのは、ユーザーが同じ記事の次のページに読み進んだこと、記事ページの最終ページの離脱率が低いのは他の記事に読み進んだと解釈できます。いずれの場合も、大きな問題はないと見てよいでしょう。

ページビューが平均より上
×離脱率が平均より上（PV多×離脱率高）

　ページビューが平均よりも多く、離脱率が平均よりも高いカテゴリーページは、ページビューが多いのでカテゴリーとしての集客力はあるものの、離脱率が高いのでそこでセッションが終了しており、そのカテゴリーに所属する記事ページへの送客力はないことを意味します。カテゴリーページと記事の性質にズレがないか、確認する必要があるでしょう。

　ページビューが平均よりも多く、離脱率が平均よりも高い記事ページの場合、やはり1ページ目なのか最終ページなのかで意味が異なります。まず、複数ページにわたる記事の1ページ目の離脱率が高いということは、見出しほどのインパクトが記事になかったと解釈できますので、見出しが過度な「釣り」になっていないか確認する必要があるでしょう。最終ペー

ジの離脱率が高いことは、他の記事には読み進まなかったと解釈できますが、記事そのものの問題はないはずです。連載目次ページの離脱率が高いことは、個々の記事のリンクをクリックしなかったことになりますが、問題があるとまでは分析できません。

ページビューが平均より下
×離脱率が平均より上（PV少×離脱率高）

　ページビューが平均よりも少なく、離脱率が平均よりも高い記事ページの1ページ目は、ページビューが少ない上にそこでセッションが終了してしまうわけですから、簡単にいうと「つまらない記事」です。大きな問題があります。一方、ページビューが少なく、最終ページの離脱率が高い記事は、最後まで読んでいることを考慮すると、つまらないというよりは地味な記事と解釈できます。離脱率が高く、他の記事に読み進まなかった点は、改善の余地があるかもしれません。

離脱ページの変化に
気づくメリットとは？

　「Excelを使うと離脱ページの課題を分類できることは分かりました。でも、Excelでの作業は大変すぎます」——そうですね。ニュースサイトのように更新頻度の高いWebサイトでは、どの記事ページから離脱したか把握しても意味がありません。もともとサイト/カテゴリートップから誘導されて記事ページに到達することが多く、離脱ページは記事ページになりやすいからです。しかし、メディアサイトのカテゴリーページのように、更新頻度は高くてもURLが固定のページは、ページの集客力がどれだけあるか把握することになるので意味があります。離脱率の分析方法をノーリファラーの説明として取り上げたのは、カテゴリーページは主に常連客、言い換えるとノーリファラーセッションのユーザーに利

用されることが多いからです。

　一方、小規模ECサイトの商品ページのように更新頻度の低いページでは、どのページから離脱したのかの変化を調べたり、新規ユーザーと固定ユーザーで離脱するページに違いがあるかなどを把握したり、平日と休日で変化するかなどを調べておくとよいでしょう。

　離脱ページはあるページの**集客力**(ユーザーを呼び集める力)、**送客力**(ユーザーを別のページに移動させる力)を知る手がかりになります。Webサイトを開設したり、リニューアルの前後で指標を確認すると、思わぬ発見があります。Excelでの分析は手間がかかりますが、1回でも作業してデータを残しておくと、後になって役に立ちます。

[3-4] SEOの方針を検索トラフィックを分析して決める

Analytics / Excel

　Google Analyticsで解析できるWebアクセスは、トラフィック（流入路）別に**(1)ノーリファラー、(2)参照、(3)検索エンジン**の3つがあります。[3-4]、[3-5]、[3-6]では、検索エンジントラフィックを取り上げ、検索エンジン経由のアクセスの増減を観測し、増減の理由を分析し、問題点やチャンスを発見する手法を紹介します。

　「そもそも、どうして検索エンジンからのアクセスと分かるんでしょうか？　GoogleやYahoo! JAPANのような検索エンジンが、ユーザーの行動をWebサイトに知らせているんでしょうか？」――ノーリファラートラフィックの分析（[3-1]）で「リファラー」について説明したとおり、ユーザーがリンクをクリックすると、Webブラウザーは参照先（リンク先）のWebサーバーに、参照元（リンク元）のURLを「リファラー」として送信します。検索エンジンの検索結果画面のURLは、ユーザーが検索したキーワードを含んでいますので、参照先のWebサーバーにユーザーの検索キーワードを通知しているのは、ユーザー自身が使っているWebブラウザーです。

　たとえば、Googleで「Web Professional」と検索したとき、WebブラウザーのURLは「http://www.google.co.jp/search?q=Web+Professional」（URLは一部省略）になります。

　ユーザーが最初に表示されている「ASCII.jp – Web Professional（ウェブ・プロフェッショナル）」のリンクをクリックすると、Webブラウザーは以下のようなHTTP要求をASCII.jpのWebサーバーに送信します。

　Webサーバーに要求するURLと参照元のGoogleのURLをマーカーで示

[3-4] SEOの方針を検索トラフィックを分析して決める

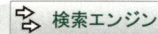検索エンジン

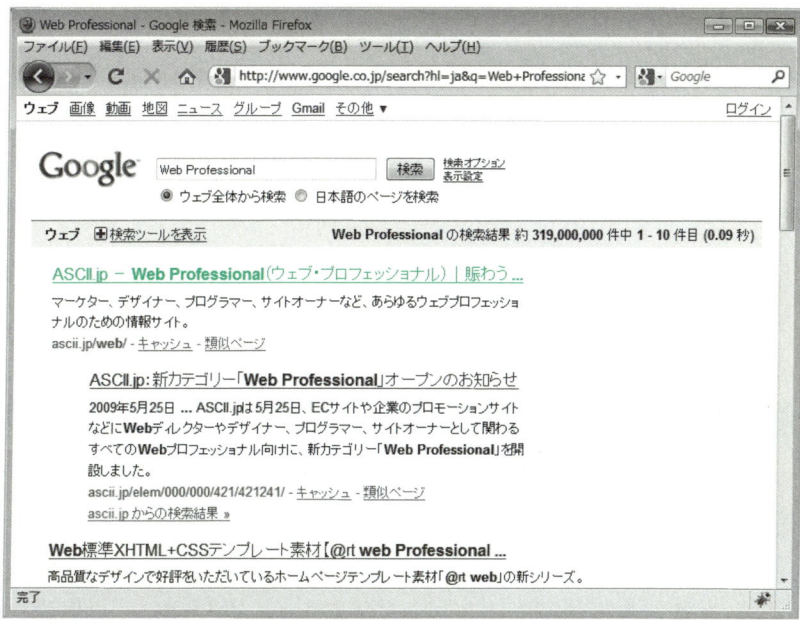

Googleで「Web Professional」と検索した画面

```
GET /web/ HTTP/1.1
Host: ascii.jp
User-Agent: Mozilla/5.0
Referer:http://www.google.co.jp/search?hl=ja&q=Web+Professional
```

WebブラウザーからWebサーバーへの要求（一部省略）

しています。Google Analyticsは主要な検索エンジンのリストを持っており[11]、参照元のドメインが検索エンジンであれば検索エンジンにトラフィックを分類します。また、リファラーのURLが検索エンジンとみなされる[12]場合は、「search」という検索エンジン名で集計されます。

---

*11 　Google Analyticsが認識している検索エンジンのリストはhttp://www.google.com/support/googleanalytics/bin/answer.py?answer=77613にある。
*12 　検索エンジンの定義は公式には発表されていないが、URL中に「q=キーワード」の形式でキーワードを含んでいるなど、いくつかの特徴を条件に判断していると考えられる。

検索エンジントラフィック分析の「罠」とは?

　検索エンジントラフィックの変化に気づくには、Webサイト全体の指標を先週と先々週、先月と先々月、今期と前期の同時期など、さまざまな単位で比較し続けるしかありません。さっそく、ASCII.jpのあるサブドメインで、指標を比較してみましょう。

		期間1	期間2	増減
全体	セッション数	1,169,670	1,205,927	**+3.10%**
	平均ページビュー	4.25	4.01	**-5.49%**
	ページビュー	4,966,482	4,839,454	**-2.56%**
	直帰率	44.60%	45.36%	**+1.71%**
ノーリファラー	セッション数	258,914	257,909	**-0.39%**
	構成比	22.14%	21.39%	**-3.38%**
	平均ページビュー	4.71	4.51	**-4.14%**
	直帰率	38.99%	39.45%	**+1.16%**
参照サイト	セッション数	409,859	409,779	**-0.02%**
	構成比	35.04%	33.98%	**-3.03%**
	平均ページビュー	4.08	3.92	**-3.98%**
	直帰率	44.46%	43.00%	**-3.29%**
検索エンジン	セッション数	500,897	538.239	**+7.46%**
	構成比	42.82%	44.63%	**+4.22%**
	平均ページビュー	4.14	3.85	**-7.16%**
	直帰率	47.61%	50.00%	**+5.01%**

　多くの指標がありますが、変化に気づくために必要なのは、**太字の箇所だけ**です。このサブドメイン全体では、期間1に比べて期間2ではセッション数が3.10%増えましたが、平均ページビューは5.49%少なくなり、ページビューは2.56%減りました。トラフィック別に見ると、ノーリファラーと参照サイトではセッション数がわずかに落ち込み、平均ページ

ビューがやや少なくなっています。

　一方、検索エンジンのセッション数は7.46％増えていますが、平均ページビューは7.16％減っています。平均ページビューがどのトラフィックでも減っているので、平均ページビューが落ち込んだ原因は、記事の作り方に問題がありそうです。では、検索エンジンのセッション数はなぜ7.46％増えたのでしょうか。この疑問から、検索エンジントラフィックの分析が始まります。

　「**ユーザーが検索エンジンで、どんなキーワードを調べたのか見るわけですね**」——Google Analyticsには多くの罠がありますが、検索エンジントラフィックの増減を特定のキーワードと結びつけて考えるのも、罠のひとつです。

　「**えぇっ！**」——確かに、ユーザーが何かの調べごとがあって検索エンジンでキーワードを入力し、検索エンジンからWebサイトにユーザーが送り込まれてきますが、**検索エンジントラフィックのセッション数を決めるのは、キーワードが検索される回数（検索ボリューム）とそのキーワードを検索したときの自サイトの表示順位であって、キーワードそのものではない**からです。

　たとえば、「ワイン」というキーワードがGoogleでは1日1万回、Yahoo! JAPANでは1日4万回検索されるとしましょう。あるサイトの「ワイン」の検索順位がGoogleで1位、Yahoo! JAPANで100位だとして、検索順位1位のサイトには検索ボリュームの半分のセッションが発生するとしたら、Googleからは1日5000セッションのトラフィックが見込めますが、Yahoo! JAPANからはほとんど見込めません。

　一方、「チーズ」というキーワードはGoogleでは1日5000回、Yahoo! JAPANでは1日2万回検索されるとしましょう。あるサイトの「チーズ」の検索順位がGoogleで100位、Yahoo! JAPANで1位だとしたら、Yahoo! JAPANからは1日1万セッションのトラフィックが見込めますが、Google

からはほとんど見込めません。このとき、「ワイン」のセッション数は5000、チーズのセッション数は1万になりますが、「ユーザーはワインよりもチーズを調べている」と判断するのは愚かです。しかも、**キーワードに対する自サイトのページの検索順位は、検索エンジンのアルゴリズムの変更やライバルサイトの状況によって日々変化します**。したがって、検索エンジントラフィックの増減の原因を知るには、まず**検索エンジンごとのセッション数**を調べる必要があるのです。

　右ページは、期間1と期間2で、検索エンジントラフィックのセッション数を表示した表です。

　この表によると、Googleからのトラフィックは期間1が41万148セッション、期間2が44万2809で3万2661セッション（7.96％）増加、Yahoo! JAPANからのトラフィックは期間1が7万6152セッション、期間2が7万9220で3068セッション（4.03％）増加しています。また、新規セッション率がGoogleでは27.72％から31.74％に4.02ポイント（14.50％）増加、Yahoo! JAPANでは45.10％から46.95％に1.85ポイント（4.11％）増加していることが分かります。したがって、検索エンジントラフィックが50万897セッションから53万8239セッションに3万7342セッション（7.46％）増加した原因は、Googleの増加分3万2661セッションでほぼ説明できます。こうして原因がどこにありそうかの見立てをした上で、

- **Googleで増えたキーワードは何か？**
- **Googleで新規セッション率が増えたキーワードは何か？**

を調べれば、なぜGoogleからのセッションが増えたのか分かります。ここで初めて、キーワードを分析する視点が定まりました。

[3-4] SEOの方針を検索トラフィックを分析して決める

検索エンジン

Google Analyticsで検索エンジンごとのトラフィックの増減を見るには、「トラフィック」→「検索エンジン」メニューで「検索エンジン」レポートを表示し、期間の「比較」チェックボックスをONにする

検索エンジンごとに、キーワードの増減を調べる

　はじめにお断りしておきます。ここからの作業はかなり面倒です。Excelで実際に操作しない場合は、176ページに進んでください。

　172～176ページでは、
- Googleで増えたキーワードは何か？
- Googleで新規セッション率が増えたキーワードは何か？

を調べるために、Googleで、期間1と期間2のキーワードごとのセッション数と新規セッション率をExcelにエクスポートする手順を説明します。

　まず、Google Analyticsの「検索エンジン」レポートで「google」にドリルダウンし、キーワードの増減をレポートに表示します。

1.	google					
	期間2	442,809	3.86	00:03:07	31.74%	49.00%
	期間1	410,148	4.18	00:03:22	27.72%	46.35%
	変化率	7.96%	-7.49%	-7.65%	14.50%	5.71%

「検索エンジン」レポートの「google」をクリックすると、
Googleに限定したキーワードのレポートを表示できる

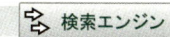

次に、表示件数を「500」にして、「エクスポート」メニューの「CSV形式（Excel）」を選び、CSV形式でデータをダウンロードします。Excelでファイルを開くと、以下のようにGoogle Analyticsのデータをインポートできます。

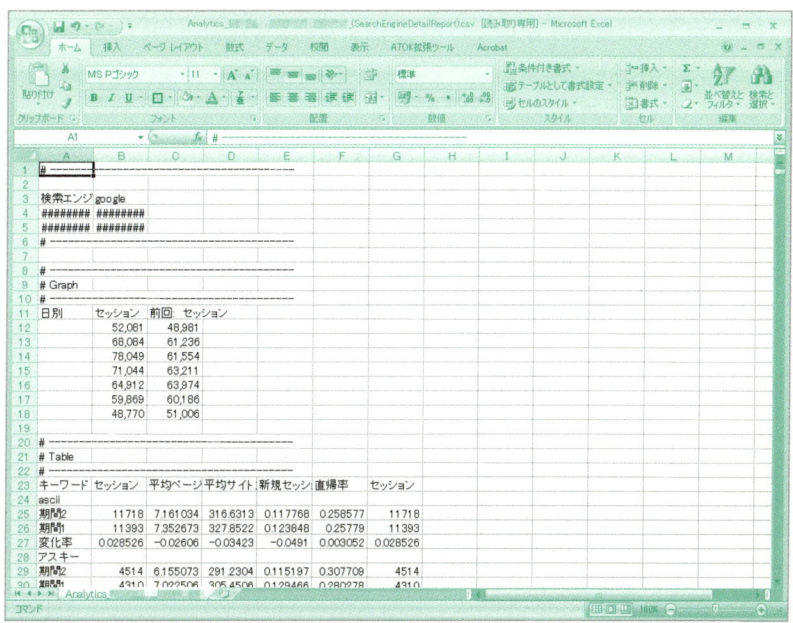

Google Analyticsの期間別のキーワード比較
データをExcelにインポートしたところ

分析対象であるキーワードの詳細データにあるキーワードとセッションと新規セッション率以外を削除し、表示書式を整えると以下のようになります。

実際のGoogle Analyticsのデータは「期間1」
「期間2」ではなく、期間の日付になる

このままでは、キーワードと期間1、期間2、変化率が異なる行にあるので、フィルターを使ってさらにデータを加工します。まず、「ホーム」→「編集」→「並べ替えとフィルタ」の「フィルタ」メニューを選び、表をフィルターモードにします。変化率の行は不要ですので、「キーワード」列で「変化率」を選び、変化率の行だけを抽出し、削除します。

[3-4] SEOの方針を検索トラフィックを分析して決める

検索エンジン

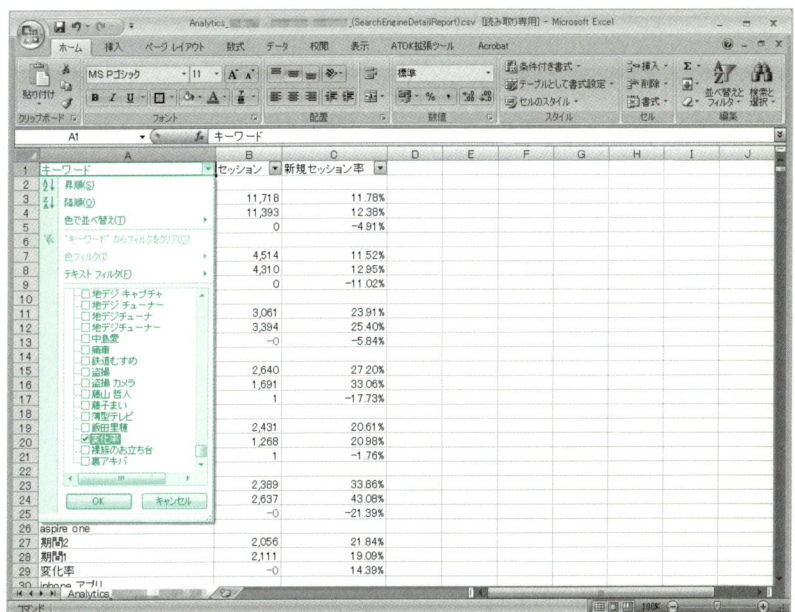

はじめはすべての項目のチェックボックスがONになっているので、「すべて選択」のチェックボックスをOFFにしてから、「変化率」のみONにする

　元データのシートのキーワード列のフィルターで「すべて選択」を選び、「期間1」「期間2」「空白セル」のチェックボックスをOFFにして、キーワードのみを選択してコピーし、分析用に、新しいシートを作成し、ペーストします。

同様に、期間1と期間2を選択し、「セッション」と「新規セッション率」を分析用のシートにペーストします。さらに、セッションと新規セッション率の増減を見るために、「セッションの増減」の列を追加し、「期間2のセッション-期間1のセッション」の数式を列全体に設定します。

　以上で分析用データの準備ができました。

キーワードと期間1、期間2のセッション数と新規セッション率を1行にまとめたところ

検索エンジンの指標の変化は、どのキーワードが影響したのか調べる

　「Excelを使うといろいろできるようですが、かなり複雑……ですよね？」——Google Analyticsの説明のはずが、Excelのフィルター操作まで登場し、面食らっているかもしれません。しかし、Excelを使えば、「なぜ

検索エンジンの指標が変化したのか？」を調べて、納得できるデータが取れるのです。日常的にここまで分析する必要はまったくありませんが、Google Analytics＋Excelの威力を知っておくとよいでしょう。

　Excelにデータをエクスポートした理由からおさらいします。Google Analyticsでトラフィックごとに増減を調べたところ、検索エンジンのトラフィックが増えていることが分かりました。検索エンジンからのセッションが増えている原因は、Googleからの検索トラフィックが増えたからなので、「Googleで増えたキーワードは何か？」を調べます。また、新規セッション率の増加傾向がありましたので、「Googleで新規セッション率が増えたキーワードは何か？」も調べます。

　最初に、Excelの分析用シートで、セッション数が増えたキーワードを抽出しましょう。新たに作った「セッションの増減」列を降順にソートし、増えた順にキーワードを並べ替えます。いま例として取り上げているASCII.jpのサブドメインでは、以下のキーワードが増えていました。

キーワード	セッションの増減 （多い順の上位10件）
core i7	1,163
s101	1,051
eee pc 1000h-x	949
inspiron mini 12	800
ポメラ	705
ans-9010	669
gta4	662
九十九電機	635
ans-9010b	634
川村りか	404

いかにもASCII.jpらしいキーワードが並んでいますが、皆さんのWebサイトではどんな言葉が並ぶでしょうか。それぞれのキーワードを実際にGoogleで検索し、何位に表示されるか、自サイトと他のサイトで取り上げ方に違いがないかなどを確認し、抽出したキーワードのセッション数がなぜ増えたのか検討します。時流をつかんで増えたキーワードや、コンテンツを充実させたり、SEOの効果が出たりしたキーワードが並ぶはずです。

　次に、新規セッション率が多いキーワードを抽出します。期間1の新規セッション率は27.72％でしたので、「新規セッション率を」に「0.2772より大きい」フィルターを適用します。すでにセッションが増えた順に並んでいますので、セッション数が大きく増え、しかも新規セッション率が高いキーワードが並びます。いま例として取り上げているASCII.jpのサブドメインでは、以下のようになりました。

キーワード	新規セッション率
eee pc 1000h-x	33.06%
ポメラ	36.11%
gta4	48.62%
川村りか	41.53%
篠崎愛	40.92%
nb100	32.27%
ツクモ	100.00%
gv-mactv	30.19%
windows 7	42.31%
google chrome	61.32%

　セッションが大きく増えたキーワードと重なっていますが、「nb100」や「windows 7」、「google chrome」など、新規セッション率の向上に貢献

したキーワードも特定できます。

　以上のようにExcelを組み合わせると、「**検索エンジンからのセッションが増えた**」という表層的な理解ではなく、「**Core i7、ASUS Eee PC S101などのキーワードがGoogleからのセッションを増やし、Eee PC 1000H-Xやポメラなどのキーワードが、検索エンジントラフィックの新規セッション率を高くした**」のように、Google Analyticsだけでは見えなかった指標の意味を深く理解できます。検索エンジンと自社ページの相性や、新規ユーザーを取り込むにはどうすればよいかの方針が見えてくるはずです。

　「Yahoo! JAPANのキーワードは分析しなくてよいのでしょうか？」――この事例では、Googleからの検索トラフィックが顕著に増えていましたので調べませんでしたが、手順はどの検索エンジンでも同じです。GoogleとYahoo! JAPANはそもそも異なるユーザー層に利用されており、検索結果の自サイトの表示順位もたいていは異なりますので、検索エンジントラフィックの増減に影響したキーワードも違うはずです。**キーワードの違いからGoogleやYahoo! JAPANなどの検索エンジンと自サイトの相性が見えてくる**ので、リスティング広告の出稿キーワードを選ぶ場合にも、紹介した手法は参考になるでしょう。

[3-5] キーワードから ユーザー層とサイトの相性を読む

Analytics Excel

　[3-5]では、キーワードとWebサイトの相性をGoogle Analyticsでアクセス解析する方法を紹介します。ユーザーがどのキーワードで訪れ、どのコンテンツを読み、どんな感想を持ったのかをアクセス解析ツールから読み取る手法を紹介し、コンテンツの改善や時流の変化に気づけるようにします。

　「うーん、ちょっと分からないです。[3-4]では、キーワードから分析するのは『Google Analyticsの罠』。検索エンジントラフィックの増減は、検索エンジンの違いから分析する、という説明がありました。説明に一貫性があるんでしょうか？」——検索エンジントラフィックの分析は、

- ユーザーがどの検索エンジンから訪れたのか？
- どのキーワードを調べているユーザーが訪れたのか？

という2つの視点があります。おさらいを兼ねて、2つの違いを説明しましょう。まず、自分自身のことを考えてみてください。日本でシェアの大きい検索エンジンはYahoo! JAPAN（約5割）とGoogle（約4割）の2つですが、状況に応じて検索エンジンを使い分けることはありません。SEOやネットショップのコンサルタントなどの専門職は別にして、一般的には、ユーザーの「普段使い」の検索エンジンは決まっています。

　世界的傾向とは異なり、Yahoo! JAPANのシェアが日本で高いのは、ブロードバンドの普及期にGoogleが本格進出しておらず、パソコン雑誌や『できるインターネット×××』のような書籍で、初心者向けに検索エンジンを説明するときの例として使われたから、という説が有力です。日本最大のポータルとしての情報の一覧性、ヤフオクのような人気メ

ニューと一体化しているのもシェアの高さを維持している理由でしょう。逆に、「オレは一般人とは違うぜ！」というユーザーは、日本語に正式対応していない時期からGoogleを使い始め、検索精度の高さやシンプルなユーザーインターフェイスを気に入っているのでしょう。

「インターネットの歴史の話ではなく、説明に一貫性があるかを聞いているんですが」――まぁまぁ、待ってください。Yahoo! JAPANとGoogleには、歴史的な経緯もあってユーザー層に相当な違いがあると理解しておくべきです。もちろん、両社は熾烈にシェアを争っていますので、お互いの長所を取り入れて、相手のシェアを奪おうとするはずです。今後どちらかが守りに入らない限り、ユーザー層の違いはだんだん少なくなるでしょうが、Yahoo! JAPANは「万人向け」、Googleは「テクノロジー好き向け」という基本的性質は当面変わらないでしょう。パナソニックとソニー、マイクロソフトとアップルのようなものです。

ユーザーがどの検索エンジンから訪れたのか？

　ユーザー層の違いは検索エンジンの使われ方の違いにもなります。「ユーザーがどの検索エンジンから訪れたのか？」を考えることは、Webサイトと検索エンジンの相性を考えることです。

　Yahoo! JAPANは「万人向け」なので、「プリンタ　比較」のような漠然としたキーワードが多くなるでしょうし、Googleは「テクノロジー好き向け」なので、「PM-A890 ドライバ ダウンロード」のような機種名や目的まで明確なキーワードが多くなるでしょう。また、「ノートパソコン」を調べる割合は、Yahoo! JAPANの方が多そうですし、「ネットブック」を調べる割合は、Googleの方が多そうです。

以下の画面は、ASCII.jpのあるサブドメインで、「snow leopard」というキーワードからのトラフィックを表しています。「ディメンション」として「参照元」を選ぶと、キーワードごとに、どの検索エンジンから訪れたのか分かります。

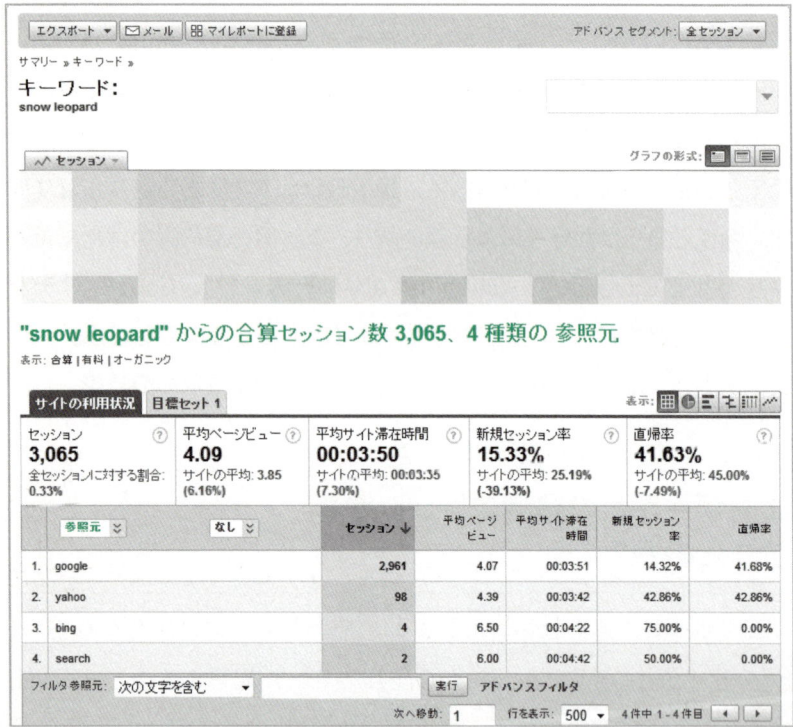

「トラフィック」→「キーワード」の「キーワード」レポートでディメンションとして「参照元」を選ぶと、キーワードごとの検索エンジンシェアが分かる

　レポートの集計期間中、ASCII.jpの「snow leopard」の検索順位は、Yahoo! JAPANでもGoogleでも3位でした。もし2つの検索エンジンが同じユーザー層に使われているのなら、Yahoo! JAPANとGoogleのシェア比は日本全体と同じ5：4になるになるはずです。しかし、実際にはYahoo! JAPAN からが98セッションに対して、Googleからは2961セッション。

シェア比は1：30。「Snow Leopard」(Mac OS X v10.6)を検索しているのはテクノロジー好きなので、検索順位が同じでも、Googleの検索ボリュームの方が断然多くなったと考えられます。

　ある検索エンジンから送り込まれてくるユーザー数は、その検索エンジンであるキーワードが何回調べられ、検索順位のどこに自分のサイトが表示されるかで決まります。したがって、検索エンジン経由のセッション数が増減したときは、比較対象期間に比べて検索ボリュームと検索順位がどう変化したか、を調べます。

　検索連動型広告(オーバーチュアやAdWordsのようなリスティング広告)を出稿する場合も、そもそもユーザー層が異なることを念頭に、キーワードを使い分けます。サイト設計やリニューアルの場合は、どちらのユーザーを相手にビジネスをするのか検討したり、再確認したりすることが重要です。

どのキーワードを調べているユーザーが訪れたのか？

　検索エンジンが異なっても、同じキーワードで訪れたユーザーの目的(調査、比較、購入など)は同じと考えてよいでしょう。「snow leopard」を例に、指標を表にしました。

参照元	Google	Yahoo! JAPAN
セッション	2,961	98
平均ページビュー	4.07	4.39
セッション中のページ数	5.26	5.93
平均サイト滞在時間	0:03:51	0:03:42
セッション中の滞在時間	0:06:36	0:06:29
新規セッション率	14.32%	42.86%
直帰率	41.68%	42.86%

「平均ページビュー」と「平均サイト滞在時間」は直帰したセッションを含んでいるため、直帰しなかったユーザーがセッション中に何ページ読み、何分滞在したか分かりません。そこでGoogle Analyticsの指標から、以下のような数式を使って「セッション中のページ数」と「セッション中の滞在時間」という直帰したユーザーを除外した指標を導き出します。

- 直帰数＝セッション×直帰率
- 滞在時間＝平均サイト滞在時間×（60×60×24）×セッション
- ページビュー＝セッション×平均ページビュー
- セッション中のページ数＝（ページビュー－直帰数）÷（セッション－直帰数）
- セッション中の滞在時間＝滞在時間÷（セッション－直帰数）÷（60×60×24）

　指標を読み解きましょう。まず、「snow leopard」を検索してこのサブドメインを訪れたユーザーは、GoogleからもYahoo! JAPANからも4割程度が直帰しますが、直帰しなかったユーザーは5ページちょっと読んで帰っていることが分かります。当該記事である「新Mac OS X『Snow Leopard』を徹底解剖」（http://ascii.jp/elem/000/000/142/142315/）は4ページの記事ですので、記事をすべて読み終わって、他の記事まで読み進めた、と推定できます。また、セッション中の滞在時間は、GoogleからもYahoo! JAPANからのユーザーも6分30秒程度です。以上のように、検索エンジンが異なっても、同じキーワードで検索したユーザーの行動はだいたい同じです。

　しかし、新規セッション率だけは、Googleが14.32%に対してYahoo! JAPANは42.86%もあり、傾向が異なります。ASCII.jpには「Mac/iPod」というカテゴリーがあり、Mac好きのGoogle使いは、普段からASCII.jpを利用しているので、新規セッション率はかなり低い14.32%なのでしょう。ASCII.jpの「Mac/iPod」カテゴリーは、Mac好きに利用されている、と推定

できます。では、Yahoo! JAPANからの新規セッション率が42.86%もある理由は何でしょうか。

「Googleはテクノロジー好きのユーザーが多く、Yahoo! JAPANを使うユーザーとは属性が違うんじゃないでしょうか？」──確かに、MacユーザーとGoogleユーザーには、「テクノロジー好き」という共通項がありそうです。ASCII.jpの「Mac/iPod」カテゴリーが、Macを使っているYahoo! JAPANユーザーには特に受けが悪い、というのはちょっと考えにくいです。普段はMacを使っておらず、ASCII.jpの「Mac/iPod」カテゴリーにも興味がなかったユーザーが、「Snow Leopard」の登場に興味を持って、Yahoo! JAPANで検索した、と考える方が自然です。つまり、新規セッション率が高くなったのは

- MacユーザーはYahoo! JAPANよりもGoogleを使っている人が多く、普段からASCII.jpを利用している
- 非MacユーザーでYahoo! JAPANを使っている人は、普段はASCII.jpを利用していない
- 「Snow Leopard」登場でMacに興味を持った非MacユーザーのYahoo! JAPANユーザーが、ASCII.jpを初めて訪れた

と考えられます。Yahoo! JAPANからのセッションで新規ユーザーが多いのは、ASCII.jpとYahoo! JAPANのユーザー属性が違うのが原因ということです。

ユーザー属性や検索エンジンが異なっても、あるキーワードで検索したユーザーのサイト内の行動はおおよそ同じと考えられます。したがって、キーワードからユーザーのサイト内の行動を分析するとき、検索エンジンの違いまで踏み込んで考えなくてもよい、といえます。ただし、Webサイトがどの検索エンジンのユーザーと相性がよいかが分かりますので、主要なキーワードについては、検索エンジンごとの新規セッション率の違いを把握しておくとよいでしょう。

ナビゲーションクエリーと Webプレゼンス

以下は、ASCII.jpのあるサブドメインについての「キーワード」レポートです。

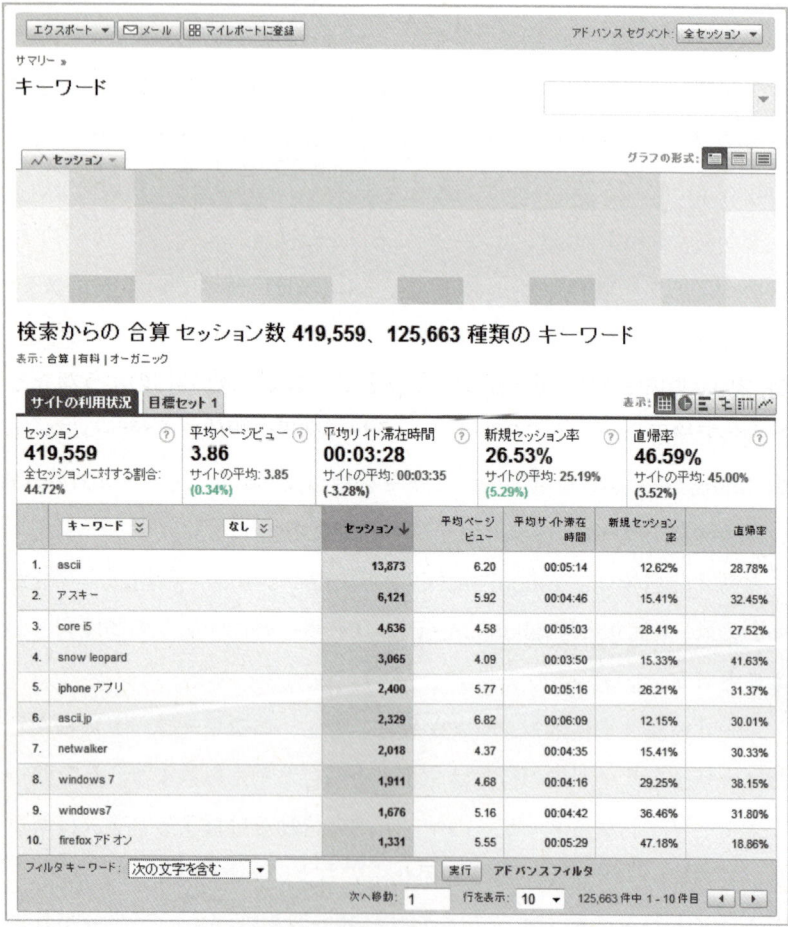

「トラフィック」→「キーワード」の「キーワード」レポート

サブドメインといっても、「ascii」や「アスキー」「ascii.jp」など、ASCII.jpのブランド関係の言葉が上位に入っているのが特徴です。この種のキーワードを**ナビゲーションクエリー**と呼びます。ブランド名やサイト名など、ユーザーが最初に訪れたときに使ったキーワードで検索し、Webサイトを再訪しているのです。ブックマークに登録していなかったり、登録してあるけどメニューを操作するのが面倒だったりという理由で、Webブラウザーのツールバーでブランド名やサイト名を検索して訪れている例がほとんどでしょう。検索エンジン経由とはいえ、実態としてはノーリファラートラフィックに近く、平均ページビューは多めで新規セッション率は低めになります。

ナビゲーションクエリーは、ブランド名とは限りません。たとえば腕時計を選んでいるユーザーが「腕時計」を検索して訪れるのもナビゲーションクエリーです。初回時に「3番目のショップがよかった」と記憶すると、2回目以降も、ユーザーはショップ名ではなく、「腕時計」のようなジャンル名で検索し、「上から3番目」という検索結果の順位を手がかりにWebサイトを訪問します。キーワードレポートの上位にブランド名やサイト名ではなく、突出して多いジャンル名がある場合、そのキーワードはナビゲーションクエリーだと考えられます。

ナビゲーションクエリーは、「Webプレゼンス」と密接に関係しています。Webプレゼンスとは、ある企業や人物の「Web上での存在感」といった意味です。企業がWebサイトを持っていれば、Webプレゼンスの大半は公式サイトになりますが、掲示板に批判を書かれれば、その投稿もWebプレゼンスの一部です。また、たとえば公式サイトがない書体関連の企業である「写研」の場合は、Wikipedia日本語版の「写研」の項目がWebプレゼンスの大半を占めています。個人であれば、SNSやブログなどがWebプレゼンスの実体です。

キーワードの上位にブランド名やサイト名があれば、そのWebサイト

はWebプレゼンスの重要な構成要素ということです。逆に、キーワードの上位にブランド名やサイト名がなく、ジャンル名や商品名などが並ぶ場合は大問題です。そのWebサイトはブランドや企業のWebプレゼンスの役に立っておらず、ネットショップであれば、「○○を安く売っているなら、どこだっていい」という扱いを受けているわけです。「多少高くても、○○で買いたい」と思ってもらった方が、商売は大きくしやすいでしょう。

キーワードをExcelで分析するには？

　[3-5]の本題は、検索エンジントラフィックのユーザーについて、キーワードごとに満足して帰ったのか、不満を持って帰ったのかを分析することです。ユーザーが検索エンジンを使う目的は、暇つぶしや興味のあることを調べたり、欲しいモノの機能や価格を比較したり、実際に商品を購入したりすることです。検索エンジントラフィックのユーザーのセッションでは、検索エンジンでユーザーが調べたキーワードがリファラーで分かりますので、Webサイトのコンテンツがユーザーの目的を達成できたかを、Google Analyticsで分析できるわけです。

　さっそく、Excelにエクスポートしてデータを分析しましょう（Excelにエクスポートして分析用にデータを加工する操作の説明ですので、Excelを操作しない場合は、190ページに進んでください）。

　まず、レポート下部の「行を表示：」で「500」を選び、エクスポートする件数を500件に設定します。次に、ページ上部の「エクスポート」メニューで「CSV形式（Excel）」を選び、ファイルを保存します。

[3-5] キーワードからユーザー層とサイトの相性を読む

キーワード

ダウンロードしたファイルをExcelで開いたら、冒頭の概要部分を削除します。

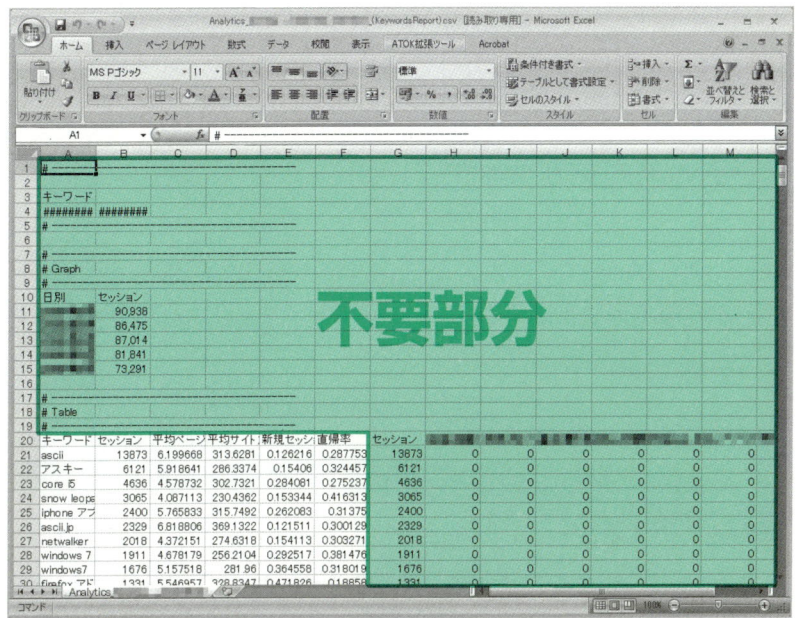

「読み込んだCSVファイルのうち、#Tableの直後（19行目）までは不要なので、削除する

さらに、数値形式はカンマ区切り、率は％表記に書式設定し、データを見やすく加工します。

**不要なデータを削除し、見やすいように
書式を設定したところ**

　最後に、[3-3]で離脱ページを新規セッション率と直帰率の高低で4象限に分類したときのように、「ホーム」メニューの「編集」グループにある「並べ替えとフィルタ」ドロップダウンから「フィルタ」を選び（Excel 2007の場合）、新規セッション率と直帰率が平均値よりも高いか低いかでキーワードを4象限に分類します。

　以上で、キーワードをExcelで分析する準備ができました。

キーワード別にユーザーの満足度を知るには？

　あるキーワードでWebサイトを訪れたユーザーにとって、サイト内のコンテンツがユーザーの目的を達成できたか？　を推定するには、Excelのフィルタ機能を使うと便利です。たとえば、「新規セッション率が高く、

直帰率が低いキーワード」は、新規ユーザーを呼び集めて、満足して帰ったことを意味しますし、「新規セッション率が高く、直帰率が高いキーワード」は、新規ユーザーは呼び集められたけど、コンテンツとユーザーの目的が合致しなかったことを意味します。また、「新規セッション率が低く、直帰率が高いキーワード」は、常連ユーザーを検索エンジン経由で呼び集めたものの、受け入れられなかったことを意味します。

　以下は、ユーザーとコンテンツの相性を調べるために、新規セッション率が平均よりも低く、直帰率も平均よりも低いデータをExcelのフィルタ機能で抽出したときの表です。

キーワード	セッション	平均ページビュー	平均サイト滞在時間	新規セッション率	直帰率
ascii	13,873	6.2	314	12.62%	28.78%
アスキー	6,121	5.92	286	15.41%	32.45%
ascii.jp	2,329	6.82	369	12.15%	30.01%
netwalker	2,018	4.37	275	15.41%	30.33%
t-01a	1,286	4.27	217	16.49%	33.05%
p7p55d	1,115	4.2	204	13.27%	37.94%
iphone ストラップ	701	4.26	205	12.41%	39.09%
windows home server	642	4.89	314	8.88%	29.91%
iphone ケース	640	3.28	187	22.50%	37.19%
ascii24	591	6.03	349	9.14%	27.92%

　Google Analyticsのレポートではキーワードがずらずら並んでいるだけでしたが、新規セッション率も直帰率も平均よりも低いキーワードを抽出すると、上位10件の中に「ascii」「アスキー」「ascii.jp」「ascii24」というナビゲーションクエリーが入ります。新規セッション率が低いことは常連ユーザーであり、直帰率が低いことは、トップページからこのサブドメインに移動して記事を読んだことを意味します。

　逆に、もし新規セッション率と直帰率が平均より低いキーワードとし

て、分析対象サイトのブランド名やサイト名そのものが並ばない場合、常連ユーザーをきちんと獲得できていない可能性があります。キーワードを分析する以前の問題として、Webサイトのプロモーションに力を入れた方がよいでしょう。

「Google AnalyticsとExcelを組み合わせた分析方法がだいぶ分かってきました。キーワードについていえば、新規セッション率が高く、直帰率が高いキーワードの問題を分析して、新規ユーザーの獲得につなげることでサイトを改善できそうです」——はい、それがまた罠なのです。「えぇ！ Google Analyticsには、いったいどれだけ罠があるんでしょうか……」

「直帰率が高くても構わないキーワード」を見つけるには？

「平均ページビューが多く、平均サイト滞在時間が長く、直帰率が低いキーワードのセッションほど、コンテンツとキーワードの相性がよいに決まっていますよ」——またまたGoogle Analyticsの罠にはまりましたね。確かに、Webサイト全体の平均よりも、平均ページビューが多く、平均サイト滞在時間が長く、直帰率が低いキーワードで訪れたユーザーとコンテンツの相性はよいでしょう。しかし、Webサイト全体の平均よりも、平均ページビューが短く、平均サイト滞在時間が短く、直帰率が高いキーワードで訪れたユーザーとコンテンツの相性は悪いといえるのでしょうか。

新規セッション率と直帰率の高低で、コンテンツがユーザーの目的を達成できたかを判断するのは実はかなり乱暴な話です。たとえばメディアサイトの場合、記事は1ページの場合もあれば、10ページの場合もあります。1ページしかない記事を読んで直帰したとしても、「ユーザーに不満がある」とまではいえません。ネットショップの場合、新規ユーザー

が商品ページを訪れて直帰したとしても、他のサイトの商品と比較している段階の可能性もあります。後日、同じキーワードで検索し再訪し、「やっぱりこのショップで買おう」と決めたときは新規セッションでなくなっているのです。

では、どうすれば直帰率が高くても問題のないキーワードと問題とあるキーワードに気づけるのでしょうか？　以下は、ASCII.jpのあるサブドメインについて、新規セッション率が高く、直帰率が高いキーワードを抽出したときの表です。

キーワード	セッション	平均ページビュー	平均サイト滞在時間	新規セッション率	直帰率
ipod touch 無線lan	997	2.71	150	45.24%	48.65%
ps3	673	2.82	141	31.05%	42.50%
百里基地 航空祭 2009 駐車場	**617**	**4.98**	**228**	**86.87%**	**52.67%**
ラブプラス	614	1.78	79	39.25%	70.52%
vista デフラグ	580	4	391	41.90%	50.52%
地デジチューナー	576	3.45	157	31.25%	50.17%
athlon ii x4 620	484	2.14	164	32.23%	68.60%
工人舎 pm	480	2.41	119	23.96%	69.38%
ipod touch	388	3.53	210	24.74%	44.85%
itunes 9	**327**	**1.72**	**65**	**36.39%**	**76.76%**

たとえば、「百里基地 航空祭 2009 駐車場」の新規セッション率は86.87％で、新規ユーザーを多く呼び集めているのに、直帰率は52.67％もあり、半分以上の人が1ページ目で帰ってしまいました。キーワードからは、「百里基地の航空祭に行く人が駐車場の有無を検索エンジンで調べている」というユーザーの目的が読み取れますが、該当記事「第25回百里基地航空祭取材レポート」（http://ascii.jp/elem/000/000/071/71109/）には、「百里基地では駐車場が不足しているため、公共交通機関の利用を呼びかけている」という一文があるだけで、駐車場の許容台数や近隣の有

料駐車場の情報はありません。単純に考えれば、「今後、イベント告知記事を記載する場合は、駐車場について詳しく書くようにする」というPDCAがあり得ますが、本当にこれでいいのでしょうか。「百里基地 航空祭 2009 駐車場」で検索したユーザーが、この記事についてどう感じたか、もっと詳しく調べるにはどうすればいいのでしょうか。

184ページで説明したように、Google Analyticsの平均ページビューと平均サイト滞在時間は、直帰したセッションを含めて計算しています。そこで184ページと同様、「セッション中のページ数」と「セッション中の滞在時間」を計算したのが以下の表です。

キーワード	セッション	セッション中のページ数	セッション中の滞在時間	新規セッション率	直帰率
ipod touch 無線lan	997	4.33	292	45.24%	48.65%
ps3	673	4.17	246	31.05%	42.50%
百里基地 航空祭 2009 駐車場	**617**	**9.4**	**482**	**86.87%**	**52.67%**
ラブプラス	614	3.64	267	39.25%	70.52%
vista デフラグ	580	7.06	790	41.90%	50.52%
地デジチューナー	576	5.91	315	31.25%	50.17%
athlon ii x4 620	484	4.62	522	32.23%	68.60%
工人舎 pm	480	5.6	389	23.96%	69.38%
ipod touch	388	5.58	381	24.74%	44.85%
itunes 9	**327**	**4.12**	**278**	**36.39%**	**76.76%**

たとえば「百里基地 航空祭 2009 駐車場」の場合、直帰セッションを含めるとユーザーは228秒の滞在時間中に4.98ページ読んでいることになりますが、直帰セッションを含めずに見ると、482秒の滞在時間中に9.40ページ読んでいることが分かります。当該記事は9ページありますので、直帰していないユーザーは、全ページを読んでから帰ったことが分かります。不満を持つどころか、大満足しているといってよいでしょう。

さらに顕著なのが「itunes 9」の場合です。直帰セッションを含めると

ユーザーは65秒の滞在時間中に1.72ページ読んで帰ったことになります。直帰率は76.76%もあり、ユーザーは不満を爆発させて帰ったようにも思えますが、当該記事「インターフェースを進化させた「iTunes 9」が登場」（http://ascii.jp/elem/000/000/458/458527/）は1ページしかなく、直帰率が高いのは当たり前なのです。さらに直帰セッションを含めずに見ると、ユーザーは278秒の滞在時間中に4.12ページ読んでいることが分かります。1ページしかない記事を読んだ後、さらに3ページ以上読み進めているわけですから、ASCII.jpのMac/iPod関連の記事をよほど気に入ってくれたことが分かります。

直帰しないユーザーの「気持ち」を指標から読み取るには？

「うーん、なんだか釈然としません。直帰率が高いということは不満を持つユーザーが多かったはずなのに、なぜ直帰しないユーザーがコンテンツを読み進むんでしょう」──この問題は「百里基地 航空祭 2009 駐車場」で検索しているユーザーの目的を、「百里基地の航空祭に行く人が駐車場の有無を検索エンジンで調べている」に、「iTunes 9」で検索しているユーザーの目的を、「iTunes 9を調べている」というように、コンテンツを読んだユーザーの目的を1つに限定したことが原因です。「百里基地の航空祭に行く人が駐車場の有無を検索エンジンで調べている」ユーザーは、そもそも「百里基地の航空祭が好き」なのです。「駐車場の有無が知りたい」＞「百里基地の航空祭が好き」という気持ちの人が52.67%いて、駐車場の有無が分からない記事を見つけて直帰してしまいました。しかし、残りの47.33%の人は「駐車場の有無が知りたい」＜「百里基地の航空祭が好き」という気持ちを持っており、駐車場の有無が分からなくても、記事を読んで満足してくれるわけです。

同様に、「iTunes 9」で検索しているユーザーは、「iTunesが好き」なので

す。76.76%の「iTunes 9について知りたい」＞「iTunesが好き」という気持ちの人は、iTunes 9についてのニュースを読んで満足し、1ページ目で帰ってしまいます。しかし、「iTunes 9について知りたい」＜「iTunesが好き」という気持ちの人が23.24%いて、iTunes 9についてのニュースを読み終わっても満足せず、iTunes関連の他の記事まで読んでくれるのです。

　つまり、ユーザーの目的はコンテンツを実際に目にすることで変わるのです。私の本業は雑誌編集者ですが、新人の頃、編集長に言われた「中野クン、編集者の仕事は読者が知りたい記事を作ることだよ」という「教育」に納得できませんでした。たとえば、「アフリカの大自然で、ライオンがシマウマを食い殺すシーン」が見たいと思ってテレビのチャンネルを合わせる視聴者はいないでしょう。そうではなく、たまたまテレビで「アフリカの大自然で、ライオンがシマウマを食い殺すシーン」を見てしまい、余りに衝撃的で、知りたいと思っていなかったのに思わず見入ってしまうのです。

　メディアに限らず、あらゆるWebサイトには同じことがいえます。多くのネットショップでは、商品の説明は1ページしかなく、読み進むコンテンツがないことの方が多いでしょう。しかし、「この商品を買っている人はこの商品も買っています」のようなレコメンデーション機能や、ブーツの商品詳細ページに、他のブーツのリストを表示することで、ユーザーが目にする商品の数を多くできます。コンテンツを工夫するだけでなく、ナビゲーションを工夫することでも、より多くのページを見たり、より長い時間サイトに滞在してもらったりできます。「必要買い」だけでなく、「衝動買い」「まとめ買い」など、ユーザーのニーズ以上のものを買ってもらう工夫が必要なのです。

　Google Analyticsを使ってキーワードを分析すると、どうしても「ユーザーのニーズを合理的に理解する」ことに向かってしまいがちですが、少し工夫するだけで、ユーザーのニーズを超えたコンテンツがどれかも特

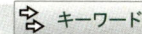

定できるのがGoogle Analyticsの面白さです。そういえば、編集長がいっていたのは「中野クン、編集者の仕事は読者が知りたくなる記事を作ることだよ」だったかもしれないと気づいたのは、ずいぶん後になってからのことでした。

[3-6] 「このページじゃない」と思われたページを見つける

[3-6]では、**キーワードとコンテンツの相性を調べ、ユーザーの問題を解決できなかったコンテンツを発見して改善するための方法**を紹介します。ユーザーは何かの問題を自身では解決できずに検索エンジンを使います。あるキーワードで検索し、数多くの検索結果からページを選んでくれたのに、記事を最後まで読んでくれなかったり、商品を購入してくれなかったりするのは、コンテンツに問題があるのかもしれません。

「**コンテンツに問題があるとしても、検索エンジン経由で訪れたユーザーに限って分析する必要があるんでしょうか？　つまらない記事や商品の説明が十分でないページは、ブックマーク経由だろうがメルマガ経由だろうが、ユーザーの感想は同じだと思いますよ**」——もちろんです。トラフィックが何であろうと、誰にとっても面白い記事は面白いし、つまらない記事はつまらないです。しかし、検索エンジン経由のユーザーにだけ面白いと思われたり、つまらないと思われたりする記事もあるのです。ノーリファラー、参照サイト、検索エンジンという3つのトラフィックのうち、**検索エンジンt経由のユーザーだけが「何かを探したい」という強い動機を持っている**からです。

　コンテンツとキーワードの相性を調べることで、検索エンジン経由のユーザーの目的をきちんと解決できるようになります。また、特にネットショップなどに比べてノーリファラートラフィックが多くなるメディアサイト（ASCII.jpのようなニュースサイトやブログ）の場合、常連ユーザーの反応をPVなどの指標で測るようになると、逆に内輪受け傾向が強くなり、世の中全体の動きから乖離してしまうのです。Google

Analyticsを使えば、こういった「Webサイトの病気」を早期に発見できます。

アドバンスセグメントで指標を深く読み取るには？

「Google Analyticsのメニューには、検索エンジン経由のユーザーが特にがっかりしたページを分析するレポートなんてないですよね？」──はい。本書も後半に入りましたので、そろそろ高度な分析テクニックを紹介しようと思います。今知りたいのは、「ノーリファラーや参照サイトに比べて、検索エンジントラフィックのユーザーだけが不満を感じたページはどれか？」です。こうした疑問にGoogle Analyticsは答えられなかったのですが、2008年10月から導入された「アドバンスセグメント」を使うと、おおよその指標が分かるようになりました。

アドバンスセグメントとは、切り口を変えて指標を見るための機能です。ディメンション（区分）とメトリクス（指標）の組み合わせでできているGoogle Analyticsのレポートに、さらに別のディメンションを組み合わせるのがアドバンスセグメントです。

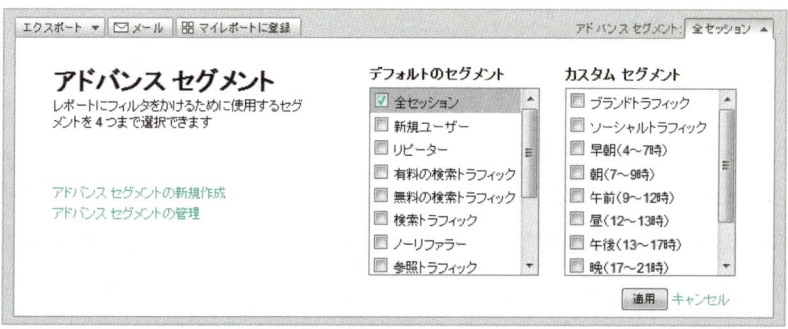

アドバンスセグメントは、デフォルトのセグメント以外に、カスタムセグメントも作成できる

「ディメンションとメトリクスってなんでしょう？」——ディメンション（区分）とはメトリクス（指標）を集計するときの切り口のことです。PVや直帰率といったメトリクス（指標）は、サイト全体を1か月単位で見たときなのか、それぞれのページで見たときなのか、あるいはキーワード単位なのかWebブラウザー別なのかという切り口がないと計算できません。Google Analyticsは、標準的なディメンションとメトリクスの組み合わせを、ユーザーの行動とサイトの目的という観点でメニュー化したレポート表示用のアプリケーションなのです。

アドバンスセグメントは、Google Analyticsの標準レポートに別のディメンションを組み合わせて、より詳細に分析するために使います。ただし、標準レポートとは異なり、大規模サイトの場合、アドバンスセグメントで集計される指標はサンプルデータに基づく概算値になります。アドバンスセグメントで集計されたときのセッション数やページビューといった数値の信頼性はやや低いので、私自身はあまり使っていません。しかし、あるページを読んだユーザーのノーリファラーと参照サイトと検索エンジンの割合など、アドバンスセグメントでしか調べようがない「割合」の指標については、とりあえず信頼して使っています。

アドバンスセグメントを適用するレポートを選ぶには？

「アドバンスセグメントを使うと、通常のレポート以上の指標が読み取れることは分かりましたが、どのレポートを元にアドバンスセグメントを作ればいいのか分からないです」——はい。アドバンスセグメントもGoogle Analyticsの他のレポートのように、だらだら指標を読むだけで満足してしまう危険があります。まずは何を読み取りたいのか考えましょう。

いま知りたいのは、「ノーリファラーや参照サイトに比べて、検索エンジントラフィックのユーザーだけが不満を感じたページはどれか？」です。

この文の中で「不満を感じたページ」の部分は、Google Analyticsのレポートにはありません。そこで、「ユーザーがWebサイトを訪れて最初に見るページが、ユーザーの期待に反していたとき、ユーザーは不満を感じて、前にいたページに戻ったり、Webブラウザーを閉じたりする」と考えることにします。つまり、曖昧な問題をノーリファラーや参照サイトに比べて、検索エンジントラフィックのユーザーだけが不満を感じたページはどれか？を知るには、ノーリファラーや参照サイトに比べて、閲覧開始ページの直帰率が検索エンジントラフィックだけ高いページを探すというトラフィック別の指標の差を探す作業に落とし込むわけです。

閲覧開始ページの直帰率を
トラフィック別に集計したレポートを作るには？

「ノーリファラーや参照サイトに比べて、検索エンジントラフィックのユーザーだけが不満を感じたページはどれか？」を調べるために、「コンテンツ」メニューから「閲覧開始ページ」レポートを表示します。次にレポートの右上にある「アドバンスセグメント」ボタンを押して、「デフォルトのセグメント」リストから「検索トラフィック」「ノーリファラー」「参照トラフィック」の3つを選んでチェックします。「適用」ボタンを押すと、しばらく時間が経ってから以下のようなレポートが表示されます。

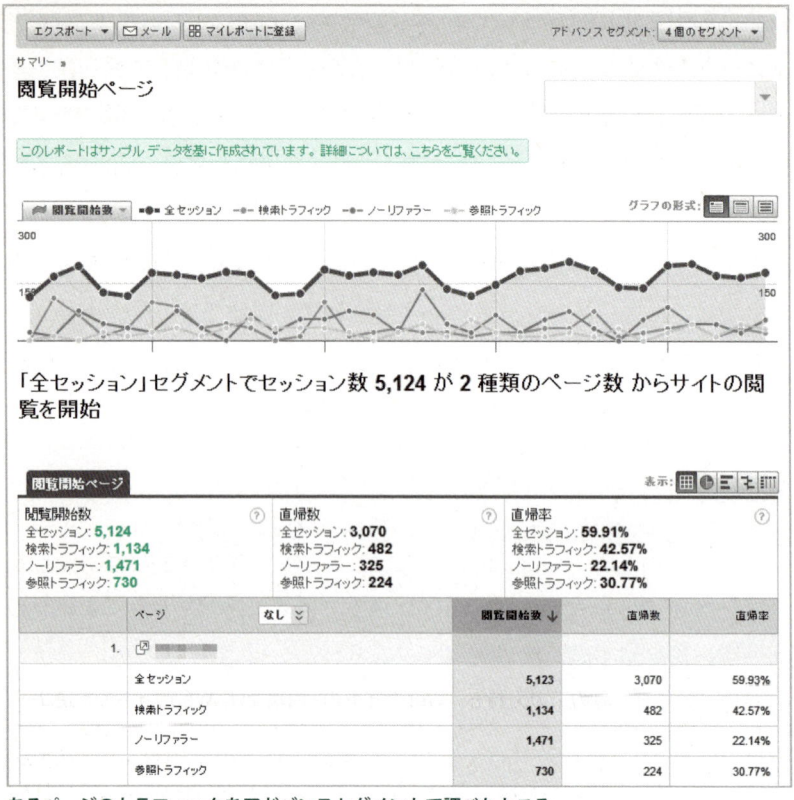

あるページのトラフィックをアドバンスセグメントで調べたところ

　上の画面は、ASCII.jpのあるサブドメインの集計です。「このレポートはサンプルデータを基に作成されています。」とあるとおり、アドバンスセグメントの指標はあまりあてになりません。たとえば、閲覧開始数は全セッションで合計5124ですが、検索トラフィックの1134、ノーリファラーの1471、参照トラフィックの730を合計しても3335にしかならず、実際よりも1789少ないのです。Webサイトの規模が小さければサンプルデータにはなりませんが、「サンプルデータを基に作成されています」と表示されているときは、全セッションと各指標の合計にどのくらい差があるか確認してから分析に取りかかるとよいでしょう。

少し脱線しますが、アドバンスセグメントで閲覧開始ページのトラフィック別直帰率を見ると、ページによって、検索トラフィック、ノーリファラー、参照トラフィックごとの直帰率がかなり異なる場合があることに気づくはずです。どのトラフィックでも直帰率がほとんど同じページ、あるいは、検索トラフィックだけ、ノーリファラーだけ、参照トラフィックだけ、直帰率が低かったり、高かったりするページがあり、普段見慣れた直帰率という指標では分からない、ユーザーの感想が見えてきます。こうしたトラフィックによる直帰率の違いは、以下を参考に読み取ってください。

	低い	高い
閲覧開始ページの直帰率が、どのトラフィックでも同じように	誰にとっても面白いページ。世間一般の関心（検索トラフィック）とWebサイトの常連ユーザー（ノーリファラー）とコンテンツ制作者の意識が一致している。	誰にとってもつまらないページ。コンテンツ制作者の技量、商品力が不足している可能性がある。
閲覧開始ページの直帰率が、検索トラフィックだけ	縁の下の力持ち。Webサイトの常連ユーザー（ノーリファラー）の意識が世間一般の関心とずれており、新規ユーザーを開拓できるチャンスがあるのに、常連ユーザーには受けが悪い。	内輪受け。Webサイトの常連ユーザー（ノーリファラー）とコンテンツ制作者の意識が世間一般（検索トラフィック）の関心とずれており、常連ユーザーしか満足させられない。
閲覧開始ページの直帰率が、参照トラフィックだけ	新しい鉱脈の可能性。コンテンツ制作者が、Webサイトの常連ユーザー（ノーリファラー）と異なるユーザー層（検索トラフィック、参照トラフィック）の存在に気づいていない可能性がある。	囲い込み成功。常連ユーザー（ノーリファラー）と異なるユーザー層（検索トラフィック、参照トラフィック）には受け入れられないが、特定のユーザー層には受け入れられている。

閲覧開始ページの直帰率の読み取り方

　「あれれ、閲覧開始ページの直帰率がノーリファラーだけ低かったり、高かったりする場合は、どう読み取ったらいいのか書いてありませんよ」

——ノーリファラーの閲覧開始ページは、一般的にはサイトトップやカテゴリートップが多くなります。個別ページがノーリファラーの閲覧開始ページになるのは、RSSフィード経由やメールマガジン経由のはずです。閲覧開始ページの直帰率を他のトラフィックと比較しても、そのページに問題があるのかまでは分かりません。ノーリファラートラフィックの閲覧開始ページの直帰率をあまり気にする必要はありません。

ユーザーが目的を達成できなかったページを見つけるには？

　アドバンスセグメントを使って、「ノーリファラーや参照サイトに比べて検索エンジントラフィックのユーザーだけが不満を感じたページはどれか？」を見つける作業に入りましょう。やり方は簡単です。レポートの右側に並んでいる「直帰率」が、検索トラフィックだけ高いページを探せばよいのです。

　ただし、ノーリファラーはページ公開直後に多くなる傾向があり、参照トラフィックはどこかのサイトで参照されたときに多くなります。ページの公開日が古く、賞味期限が切れているページを見ても、Webサイトの改善にはつながりません。Google Analyticsには「ページの公開日が◯日以内」のようなフィルタリング機能がありませんので、詳細に検討するには、Excelにダウンロードして、別のデータと組み合わせるなどの工夫が必要です。

　ASCII.jpのあるサブドメインについて見ていくと、2007年6月6日公開の「タッチパネルはクール！　iPhoneが生んだ新潮流」(http://ascii.jp/elem/000/000/040/40513/)という記事は、検索トラフィックだけ直帰率が高いことが分かりました。先ほどの表でいうと、「内輪受け。Webサイトの常連ユーザー（ノーリファラー）とコンテンツ制作者の意識が世間一般（検索トラフィック）の関心とずれており、常連ユーザーしか満足さ

[3-6]「このページじゃない」と思われたページを見つける

☐ 閲覧開始ページ

ページ　　なし	閲覧開始数 ↓	直帰数	直帰率
1. /elem/000/000/040/40513/index.html			
全セッション	15,980	9,790	61.26%
検索トラフィック	27	27	100.00%
ノーリファラー	18	9	50.00%
参照トラフィック	12,743	7,709	60.49%

検索トラフィックだけ直帰率（右端）が100％になっているページ

せられない。」に該当します。

　ASCII.jpは個々の記事のPVなどの指標を公開していませんので、上の指標がいつからいつまでの集計なのかは書けませんが、少ないとはいえ、27セッションの検索トラフィックが100％直帰してしまうのは異常です。この記事は3ページありますので、検索エンジンで何かのキーワードを調べているユーザーの目的とは、明らかに内容が合致しなかったのでしょう。

　ユーザーが何を調べていたのかは、Google Analyticsのドリルダウン機能を使って、「閲覧開始ページ」レポートの「/elem/000/000/040/40513/index.html」というリンクをクリックし、「コンテンツの詳細」レポートを表示し、「閲覧開始ページの最適化」にある「ページ別のキーワード」というリンクをクリックすると分かります。

ドリルダウン機能を使うと、ページ単位でもキーワードを調べられる

　ユーザーが検索エンジンで使ったのは、「turion ultra」「iphone 予約」「sh906i」「遠竹智寿子」「iphone 3g」「iphone タッチパネル」「i phone タッチパネル」という7つのキーワードです。このうち、「turion ultra」「iphone 予約」「sh906i」「遠竹智寿子」「iphone 3g」は直帰率が0％ですので、サイト内の別の記事に到達したときにユーザーが使ったキーワードです。該当記事に到達するときにユーザーが使ったのは、直帰率と離脱率が100％の「iphone タッチパネル」「i phone タッチパネル」です。

ここで記事の内容を確認しましょう。「タッチパネルはクール！iPhoneが生んだ新潮流」は、iPhoneそのものというよりも、「iPhoneが上手にタッチパネルをUIに組み込み、iPhoneを強く意識したと思われる製品が登場し、タッチパネルをUIに取り入れた製品をマイクロソフトも発表した」という内容です。一方、「iphone タッチパネル」で検索しているユーザーの気持ちを想像すると、

●iPhoneを買おうと思っているけど、タッチパネルの使い心地はどうなんだろうか？
●アップルは神！　iPhoneのタッチパネルの素晴らしさを味わえる記事はないのか？

　といった動機が考えられます。該当記事は、こうしたユーザーの気持ちとはまったく方向が異なるので、ページを読み進めずに直帰してしまうのです。

検索エンジン経由のユーザーをもてなすには？

　検索エンジン経由のユーザーには、「○○について知りたい」という強い動機がありますので、直帰率が他のトラフィックに比べて高めになります。とはいえ、「高くても仕方がない」と見過ごすのではなく、直帰率を改善する方法はいくつか知られています。

□ LPO（Landing Page Optimization：着地ページ最適化）

　着地ページとは、ユーザーがWebサイトを訪れた時、最初に見るページのことです。日本語版のGoogle Analyticsの「閲覧開始ページ」は、英語版では「Top Landing Pages」、「スタートページ」とも呼ばれます。

　ASCII.jpでの例でいえば、「iphone タッチパネル」で検索しているユーザーが検索エンジンを使っている動機と、検索エンジンが提示したコンテンツが一致していないと、ユーザーは何も見ずに帰ってしまいます。ユーザーの動機に合致する記事や商品があるのに、検索エンジンが別のページを提示しているのだとしたら、もったいない話です。そこで、HTTPヘッダーのリファラーから検索キーワードを読み取り、閲覧開始ページに別のコンテンツへのリンクを表示するのがLPOです。

□ リコメンデーション

　協調フィルタリングやコンテンツ内キーワードの位置、タグクラウド、カテゴリーの設定など、あるコンテンツに関連すると別のコンテンツへのリンクを表示します。リファラーを使わなければ、検索エンジン経由以外のユーザーにも関連コンテンツを提示できます。したがって、上記のLPOは、リコメンデーションのリファラーを使った1つの実装方式とも

理解できます。

ページへの追記

あるコンテンツが本来とは異なるキーワードの閲覧開始ページになっていることが分かったら、コンテンツ内に、「○○についてお探しの方はこちら」というように、ナビゲーションを追加してもよいでしょう。

コンテンツの追加

上記3つは、どちらかというと小手先の話です。ユーザーの本来の目的を知るには、
- 実際にキーワードを検索エンジンで調べてみて、上位のページで何が書かれているか調べる
- Googleツールバーなどで表示されるキーワードの補完機能を使って、併用されているキーワードから、ユーザーの目的を推定する
- Google Insights for Search（http://www.google.com/insights/search/）を使って、関連する検索キーワードの傾向から、ユーザーの目的を推定する

などの方法が考えられます。検索エンジン経由であるキーワードのユーザーが多く訪れているのであれば、ユーザーの本来の目的をかなえるコンテンツを追加するのが本来のWebサイト運営でしょう。

「Google Insights for Search」は、検索キーワードがどの地域でどのくらい調べられているか、関連するキーワードは何か？ を教えてくれる強力なツールです。ただし、「insight」（洞察力）という名前通り、何をしたらよいのかまでは答えてくれません。たとえば、右ページはGoogle Insights for Searchで「iphone タッチパネル」を調べたときの画面です。

　興味深いことに、「iphone タッチパネル」に関連する「人気検索クエリ」に、「タッチパネル携帯」「タッチパネル方式」「iphone タッチパネル方式」というキーワードが出てきました。どうやら「iPhoneのタッチパネルは使い心地はどうだろうか？」というiPhoneの購入を前提にした目的の外側には、「タッチパネル携帯」という上位概念がありそうです。

　つまり、「タッチパネル方式の携帯電話の中で、iPhoneは使いやすいのか？」「iPhone以外のタッチパネル方式の携帯電話は、どれが使いやすいのか？」といった需要がユーザーにあるのではないか？ という仮説が立てられるわけです。この仮説が正しいとすれば、自社で運営しているサイトでできることは何か？ を考えればよいのです。こうしたPDCAの回し方は、ネットショップやプロモーションサイトでも応用できるでしょう。

[3-6]「このページじゃない」と思われたページを見つける

□ 閲覧開始ページ

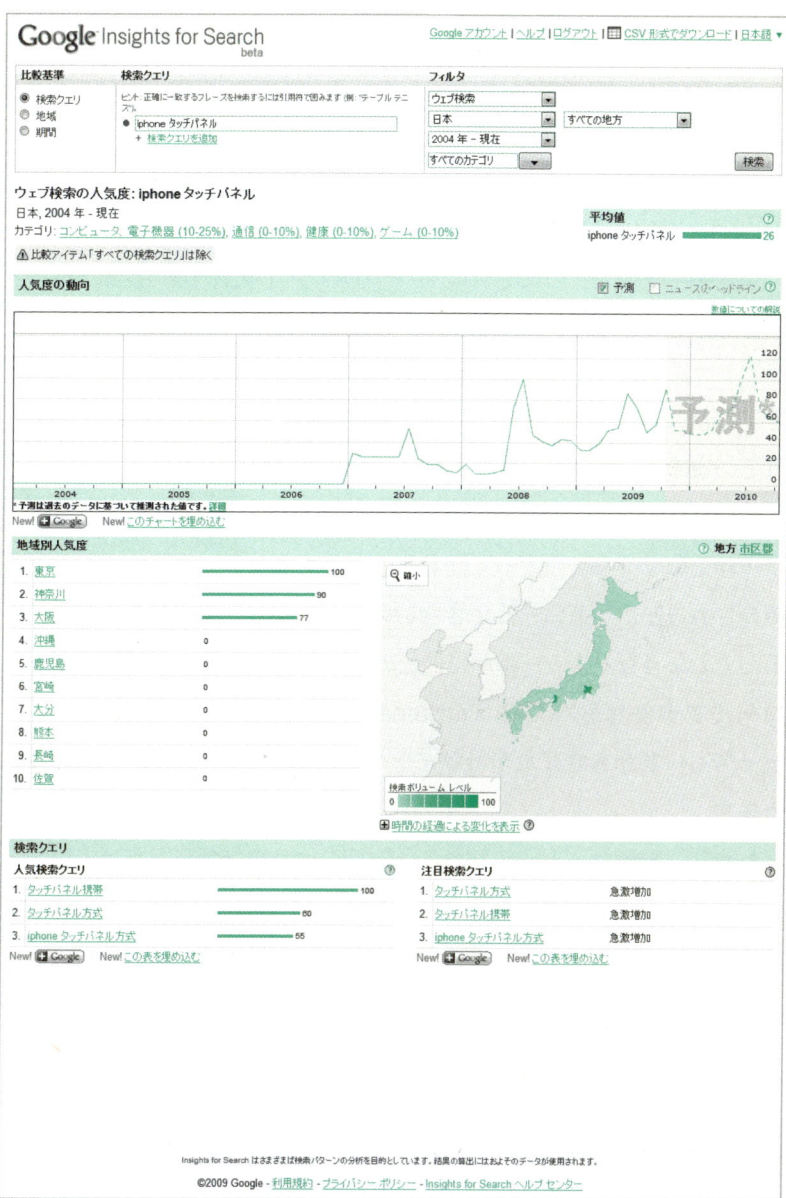

Google Insights for Searchを使うと、全世界の
検索キーワードの動向を調べられる

[3-7] 参照トラフィックから読み解く新規ユーザー獲得のチャンス

Google Analyticsで解析できる3つのWebトラフィックのうち、ノーリファラーと検索エンジンについての説明が済みました。[3-7]からは、参照トラフィックを取り上げ、参照サイト経由のアクセスの増減に気づき、新規ユーザーを獲得したり、Webサイトがユーザーにどう利用されているのか分析したりする方法を紹介します。

「参照サイトって、要するに掲示板やブログにリンクが貼られて、ユーザーがそのリンクをたどって訪れることですよね？ 他社サイトでどう紹介されるかコントロールできないのに、アクセスを解析する意味があるんでしょうか？」——確かに他社のサイトでどう書かれるかはコントロールできません。CGM（Consumer Generated Media）型のサイトであっても、あからさまな自社サイトへの誘導は、「自作自演」として嫌われます。

しかし、参照サイトから訪れる「紹介客」は、自社サイトだけではリーチできなかった潜在ユーザーに、Webサイトの存在をアピールする絶好のチャンスです。であれば、参照トラフィックが増えるのはよいことですし、どうすれば増えるのかアクセス解析を通じて考えることは、Webサイトの運営に欠かせません。

「Google Analyticsのメニューには、『参照サイト』と『全ての参照元』というよく似た名前のレポートがありますが、どちらを使えばいいのでしょうか？」——Webアクセスでいう「参照元」とは、Webブラウザーでリンクをクリックしたときのページです。Webブラウザーは参照元のURLをHTTPのrefererヘッダーに付けてリンク先のコンテンツをWeb

サーバーに要求します。

　たとえば、Googleで「Web Professional」と検索したとき、Webブラウザーの URLは「http://www.google.co.jp/search?q=Web+Professional」（URLの一部省略）になります。

Googleで「Web Professional」と検索したところ

　ユーザーが最初に表示されている「ASCII.jp – Web Professional（ウェブ・プロフェッショナル）」のリンクをクリックすると、Webブラウザーは以下のようなHTTP要求をASCII.jpのWebサーバーに送信します。

```
GET /web/ HTTP/1.1
Host: ascii.jp
Referer:http://www.google.co.jp/search?hl=ja&q=Web+Professional
```

WebブラウザーからWebサーバーへの要求（一部省略）

検索トラフィックのセッション数は、RefererにGoogleやYahoo!など、検索エンジンとして登録されたドメインからのアクセスを集計しているわけです。

　一方、ASCII.jpのトップページからグローバルメニューの「Web Professional」をクリックしたとき、Webブラウザーは以下のようなHTTP要求をASCII.jpのWebサーバーに送信します。

```
GET /web/ HTTP/1.1
Host: ascii.jp
Referer: http://ascii.jp/
```
WebブラウザーからWebサーバーへの要求（一部省略）

　Googleのリンクをクリックすると、RefererにはGoogleでユーザーがリンクをクリックした「http://www.google.co.jp/search?hl=ja&q=Web+Professional」が記載され、ASCII.jpのトップページをクリックしたときは、Refererには「http://ascii.jp/」が記載されます。

　「そうすると、サイト内のリンクをクリックした場合も参照トラフィックになるのでしょうか？」——トラフィックにはノーリファラー、参照サイト、検索エンジンがありますが、リファラーの有無だけでトラフィックが決まるわけではありません。あくまでも、Webサイトを訪れた最初のページを要求するとき、リファラーがなければノーリファラートラフィック、リファラーが検索エンジンの検索結果の形式であれば検索エンジントラフィック、それ以外が参照トラフィック、という分類です。

リファラーの内容		Google Analyticsでのレポート名
リファラーなし		ノーリファラー
リファラーあり		全ての参照元
	検索エンジンの検索結果の形式	検索エンジン
	検索エンジン以外	参照サイト

参照トラフィックの増減に気づくには？

「トラフィック」→「概要」のトラフィックサマリーレポートを見てみましょう。以下は、ASCII.jpのあるサブドメインについて、ある期間のトラフィックを比較したときの画面です。

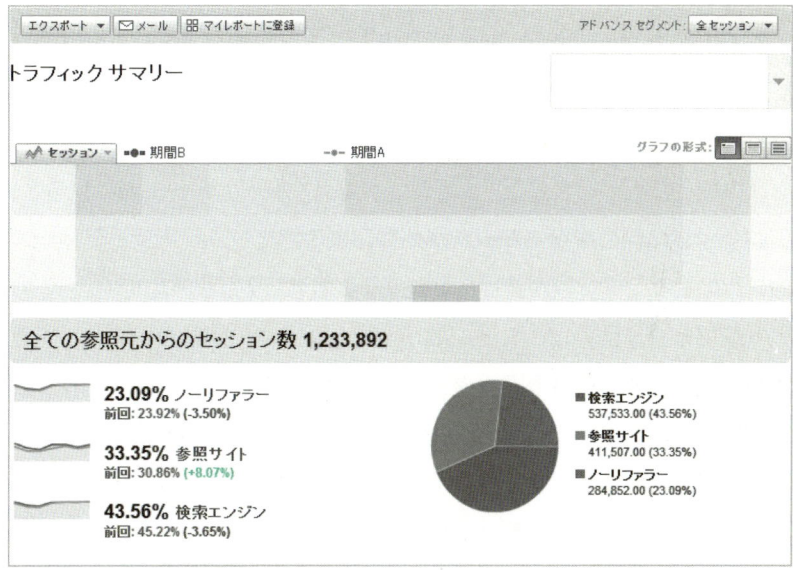

「トラフィック」→「概要」の「トラフィックサマリー」
レポートで、指標の変化を比較したところ

「もうGoogle Analyticsの指標を読み取れますよ。参照サイトが8.07%増えた分、ノーリファラーが3.50%、検索エンジンが3.65%減ったんです。参照サイトがなぜ増えたのかは、『トラフィック』→『参照サイトレポート』で調べればいいはずです」——残念。またまたGoogle Analyticsの罠にはまりましたね。「えぇー!?」

Google Analyticsは、指標の増減を改善は緑、悪化は赤で表示してくれるので何がどのように変化したのか分かりやすいです。しかし、トラ

フィックサマリーについていえば、**トラフィックの割合の変化を色で区別することには何の意味もありません**。そもそも、**ノーリファラー、参照サイト、検索エンジンというトラフィックは、どういう割合が最適なのか、という理想的な値がない**からです。また、割合は合計すれば必ず100％になりますので、セッションの増え方が異なれば、以前よりも割合として少なくなったり多くなったりするトラフィックがあるのは当たり前です。

　ある場所でGoogle Analyticsの説明をしたとき、トラフィックサマリーレポートを見て、「ノーリファラーの割合が下がったので、対策を考えなければならない」とか「参照サイトの割合が上がったのがよかった」と指標を読み取った人がいました。トラフィックサマリーレポートだけ見ると、参照サイトの伸び率が高かったために、まるでノーリファラーと検索エンジンのセッション数が減ったかのように錯覚してしまうのです。

　トラフィック別のセッション数が変化したときに知りたいのは、トラフィック別の割合ではなくセッション数の増減なので、トラフィック別のセッション数の割合がどう変化したのかを知っても、アクセス解析にはまったく役に立ちません。

　「**Google Analyticsって罠だらけですね……**」──プロ向けのアクセス解析ツールであるUrchinが元になっているので仕方ないですね。いつもどおり、ASCII.jpのあるサブドメインについて、ある期間の指標を比較した表を用意しましたので、指標の変化の意味を読み取りましょう。

[3-7] 参照トラフィックから読み解く新規ユーザー獲得のチャンス

概要　参照サイト

		期間A	期間B	増減
全体	セッション数	1,129,132	1,233,892	**+9.28%**
	平均ページビュー	4.22	3.89	**-8.00%**
	ページビュー	4,769,617	4,794,957	**+0.53%**
	直帰率	46.09%	44.85%	**-2.70%**
ノーリファラー	セッション数	270,119	284,852	**+5.45%**
	構成比	23.92%	23.09%	**-3.50%**
	平均ページビュー	4.47	4.13	**-7.70%**
	直帰率	44.76%	42.93%	**-4.09%**
参照サイト	セッション数	348,459	411,507	**+18.09%**
	構成比	30.86%	33.35%	**+8.07%**
	平均ページビュー	4.17	3.74	**-10.52%**
	直帰率	44.74%	43.92%	**-1.84%**
検索エンジン	セッション数	510,554	537,533	**+5.28%**
	構成比	45.22%	43.56%	**-3.65%**
	平均ページビュー	4.13	3.87	**-6.15%**
	直帰率	47.71%	46.57%	**-2.39%**

　全体の傾向を読み取ると、セッション数が112万9132から123万3892に9.28％増えていますが、平均ページビューが4.22から3.89に8.00％減ったために、ページビューは476万9617から479万4957に0.53％しか増えませんでした。「**セッション数が増えたのはどのトラフィックか？**」「**平均ページビューは、どのトラフィックでも減ったのか、特定のトラフィックで減ったのか？**」という疑問が湧いてきます。

　セッション数が増えた原因をトラフィック別の指標から読み取りましょう。まず、セッション数はすべてのトラフィックで増えています。内訳をみると、ノーリファラーは27万119から28万4852に5.45％、参照サイトは34万8459から41万1507に18.09％、検索エンジンは51万554から53万7533に5.28％増えています。「トラフィックサマリー」レポートはやはり錯覚で、参照サイトの増え方が他に比べて大きいので、

まるで参照サイトだけが増えたかのように見えたわけです。

　平均ページビューはノーリファラーでは4.47から4.13に7.7％、参照サイトでは4.17から3.74に10.52％、検索エンジンでは4.13から3.87に6.15％減りました。どのトラフィックでも落ちているので、コンテンツとユーザーのミスマッチが起きているわけではなさそうです。全般的に記事1本あたりのページ数が少なかったなど、トラフィックとは別の問題が考えられますが、今回のテーマとは話が違いますのでこれ以上は踏み込みません。

　ここまで分かったことをおさらいしましょう。

- 期間Aと期間Bでは、セッション数が10万4760増えた
- ノーリファラーのセッション数は1万4733増えた
- 参照サイトのセッション数は6万3048増えた
- 検索エンジンのセッション数は2万6979増えた

　今回は参照トラフィックの増減がテーマですので、次はある期間に参照トラフィックが増減したのはどの参照サイトが原因なのか調べます。

参照サイトのセッション数が増えた原因を調べるには？

　トラフィック別にセッション数の増減を調べれば、ある期間と比較してセッション数が増えた原因が分かります。しかし、どのトラフィックが増えたのか分かっても、なぜそのトラフィックが増えたのかは分かりません。そこで、「トラフィック」→「参照サイト」レポートで右上の比較期間を設定し、参照サイトからのトラフィックの増減を期間で比較します。

　今知りたいのは、「参照サイトのセッション数が6万3048増えた理由」です。参照サイトレポートを表示すると、セッション数の多い順に参照サイトが並んでおり、期間Aと期間Bの上位10位までの増減を集計すると、6万5988増えていることが分かります。中でも「dailynews.yahoo.co.jp」か

[3-7] 参照トラフィックから読み解く新規ユーザー獲得のチャンス

概要 参照サイト

参照サイトからのセッション数 411,507、8,840 種類の参照元を経由

サイトの利用状況 | 目標セット 1

セッション	平均ページビュー	平均サイト滞在時間	新規セッション率	直帰率
411,507	**3.74**	**00:03:15**	**24.62%**	**43.92%**
前回: 348,459 (18.09%)	前回: 4.17 (-10.52%)	前回: 00:03:07 (4.16%)	前回: 21.94% (12.22%)	前回: 44.74% (-1.84%)

	参照元		セッション ↓	平均ページビュー	平均サイト滞在時間	新規セッション率	直帰率
1.	dailynews.yahoo.co.jp						
	期間B		49,365	2.89	00:02:01	63.13%	51.45%
	期間A		10,335	2.76	00:01:42	49.50%	70.51%
	変化率		377.65%	4.37%	18.35%	27.53%	-27.03%
2.	rakugakidou.net						
	期間B		20,818	3.33	00:03:03	12.18%	51.15%
	期間A		12,383	3.87	00:02:59	8.96%	39.38%
	変化率		68.12%	-13.90%	2.41%	36.02%	29.91%
3.	google.co.jp						
	期間B		18,681	4.25	00:04:02	11.97%	29.64%
	期間A		16,528	4.41	00:03:53	13.50%	31.78%
	変化率		13.03%	-3.63%	12.56%	-11.37%	-6.72%
4.	bbs.kakaku.com						
	期間B		17,821	4.57	00:03:26	24.23%	38.11%
	期間A		15,268	5.51	00:03:48	22.85%	37.77%
	変化率		16.72%	-17.02%	-9.57%	6.06%	0.89%
5.	mactree.sannet.ne.jp						
	期間B		9,469	3.91	00:04:36	6.23%	34.47%
	期間A		8,338	2.68	00:02:29	5.84%	54.22%
	変化率		13.56%	45.99%	85.49%	6.68%	-36.43%
6.	jp.fujitsu.com						
	期間B		9,343	3.86	00:04:02	8.32%	37.91%
	期間A		8,555	3.65	00:03:48	8.39%	40.56%
	変化率		9.21%	5.51%	5.90%	-0.91%	-6.53%
7.	news.google.co.jp						
	期間B		8,647	3.14	00:02:43	37.10%	56.67%
	期間A		9,196	2.57	00:01:55	51.60%	61.53%
	変化率		-5.97%	22.44%	41.30%	-28.10%	-7.90%
8.	blog.livedoor.jp						
	期間B		8,038	3.10	00:02:29	23.46%	55.13%
	期間A		5,438	4.66	00:02:51	21.61%	48.01%
	変化率		47.81%	-33.61%	-12.92%	8.59%	14.81%
9.	hk.dmz-plus.com						
	期間B		7,499	2.76	00:02:21	12.07%	52.06%
	期間A		3,339	2.37	00:01:36	11.89%	61.67%
	変化率		124.59%	16.10%	47.37%	1.50%	-15.58%
10.	techside.net						
	期間B		7,107	3.22	00:02:58	16.62%	41.86%
	期間A		1,420	4.05	00:03:00	1.13%	46.55%
	変化率		400.49%	-20.52%	-0.90%	1,374.80%	-10.07%

「トラフィック」→「参照サイト」レポートで、参照サイトからのセッション数を期間で比較したところ

らのセッションは1万335から4万9365に、3万9030増えており、「参照サイトのセッション数が増えたのは、Yahoo!ニュースからリンクされたから」がおもな原因と考えてよさそうです。

「ほら、言った通りじゃないですか！ 日本一のポータルサイトなんだから、Yahoo!ニュースからリンクが張られれば参照サイトのトラフィックが増えるのは当たり前ですよ。他社がリンクするかどうかはコントロールできないので、参照サイトを調べても意味がないです」──本当にそうでしょうか？

どうすれば新規ユーザーを増やせるか？

　メディアにしてもeコマースサイトにしてもプロモーションサイトにしても、企業が運営するWebサイトは、新しいコンテンツやサービス、商品を企画して、今までと異なるユーザー層を取り込み、事業を大きくし続ける必要があります。いつも見てくれる（買ってくれる）常連客は、何もしなければそのうちコンテンツ（商品）に飽きてしまい、サイトから離れていきます。新規ユーザーが一定の割合で存在しないと、やがて常連客だけになり、常連客も徐々に減っていって寂れてしまうのです。

　新規ユーザーを獲得するもっとも簡単な手段は検索エンジンからの流入を増やすことだと言われていますが、ASCII.jpの指標の相関係数を調べると、新規ユーザーと密接に関係しているのは参照トラフィックでした。駅前で必死にビラを配って一見客を増やすよりも、常連客から人づてに紹介してもらった方が手っ取り早いのと同じです。

　「微妙に話題がずれていませんか？ アクセス解析で参照サイトのトラフィックを増やす方法がある、という話のはずなのに、新規ユーザーを増やす話になっていますよ」──まぁまぁ落ち着いて。参照サイトからのトラフィックが増えることと、新規ユーザーが増えることを順に説明

します。

　参照サイトと検索エンジントラフィックの違いは、**参照サイトは人間が張ったリンク**をたどってユーザーが訪れるのに対して、**検索エンジンは機械（アルゴリズム）がキーワードとコンテンツの一致度を計算して生成したリンク**をたどってユーザーが訪れることです。機械にはコンテンツの面白さや信頼性が分かりませんので、リンクの価値としては参照サイトの方が上です。たとえば直帰率をトラフィック別に見ると、たいていの場合は

ノーリファラーの直帰率＜参照サイトの直帰率＜検索エンジンの直帰率

という関係が成り立ちます。トラフィックによってユーザーがサイトを訪れる動機や、サイトに到達したあと読み進めたり離脱したりする理由が異なるのです。

	サイト訪問の動機	読み進める理由	離脱する理由
ノーリファラー	ブックマークから、習慣的に	追加、更新された情報を読む	欲しい情報を読み終えた
	ブックマークから、あのサイトに行けばあるだろう、という見込みで	カテゴリーページから詳細ページに向かって、あるはずの情報にたどり着こうとする	欲しい情報ではなかった
	メールマガジンやRSSフィードで興味を持って	興味、関心を満たそうとする	欲しい情報がなかった
検索エンジン	知りたい、探したい、欲しいキーワードを検索エンジンに入力して	知りたい、探したい、欲しい情報を得るために読む	情報を得て満足した
			情報が得られなかった
参照サイト	他のサイトで紹介され、興味を持って	他のサイトで紹介されたときの興味と一致した情報を読む	情報を得て満足した
			紹介のされ方と自分の興味が一致しなかった

　上の表のように、参照トラフィックの特徴は、**参照元コンテンツの文脈の中で期待されるコンテンツが決まる**ことです。つまり、参照トラフィックで訪れるユーザーは、もともと**潜在的ユーザーである可能性**が

高いのです。ブックマークしたり、RSSフィードやメルマガを購読するような常連ユーザーではないにしても、何かを探したいという強い動機を持たずに他のサイトからリンクをたどって訪れるので、検索エンジンよりずっと効率的にユーザーを獲得できるわけです。

では、参照サイトからのトラフィックはどうすれば増やせるでしょうか。「トラフィック」→「参照サイト」レポートで、ASCII.jpのあるサブドメインで、期間Aから期間Bにかけて、セッション数が多かったサイトを見ると、性質の異なるサイトが並んでいることが分かります。

たとえば、Yahoo!ニュース(dailynews.yahoo.co.jp)は何人かのニュース編集者がいて、リンク先を手作業で選んでいるでしょうし、Googleニュース(news.google.co.jp)は自動的に記事を収集しています。はてなブックマーク(b.hatena.ne.jp)や2ちゃんねる(ime.nu)、カカクコム掲示板(bbs.kakaku.com)にリンクを張るのは不特定多数でしょうが、個人ブログ(rakugakidou.net、karzusp.netなど)にリンクを張れるのは基本的にはブログオーナー1人のはずです。

このように参照サイトを分類すると、攻略方法が見えてきます。たとえばYahoo!ニュースにはトピックスエディターという制度[*13]があり、メディア関係者や一般読者がニュース記事のページ下部に表示される「関連情報」という枠を編集できます。もちろんニュースに関連していなければ無効ですが、Yahoo!ニュースからのリンクを自分で設定することも理論上は可能です。あるニュースサイト運営社に聞いた話では、「結構なトラフィックを稼がせてもらっている」ということでした。

他社サイトでどう紹介されるか、コントロールとまではいかないまでも、影響力を行使する方法があるわけです。掲示板やブログも、それぞれのサイトで好まれるコンテンツの傾向がありますので、コンバージョ

---

*13　http://edit.dailynews.yahoo.co.jp/fc/regist_editor/?gn=domestic&tp=election

[3-7] 参照トラフィックから読み解く新規ユーザー獲得のチャンス

概要　参照サイト

	参照元	なし	セッション ↓	平均ページビュー	平均サイト滞在時間	新規セッション率	直帰率
			セッション 411,507 全セッションに対する割合: 33.35%	平均ページビュー 3.74 サイトの平均: 3.89 (-3.87%)	平均サイト滞在時間 00:03:15 サイトの平均: 00:03:30 (-7.27%)	新規セッション率 24.62% サイトの平均: 26.45% (-6.91%)	直帰率 43.92% サイトの平均: 44.85% (-2.06%)
1.	dailynews.yahoo.co.jp		49,365	2.89	00:02:01	63.13%	51.45%
2.	rakugakidou.net		20,818	3.33	00:03:03	12.18%	51.15%
3.	google.co.jp		18,681	4.25	00:04:22	11.97%	29.64%
4.	bbs.kakaku.com		17,821	4.57	00:03:26	24.23%	38.11%
5.	mactree.sannet.ne.jp		9,469	3.91	00:04:36	6.23%	34.47%
6.	jp.fujitsu.com		9,343	3.86	00:04:02	8.32%	37.91%
7.	news.google.co.jp		8,467	3.14	00:02:43	37.10%	56.67%
8.	blog.livedoor.jp		8,038	3.10	00:02:29	23.46%	55.13%
9.	hk.dmz-plus.com		7,499	2.76	00:02:21	12.07%	52.06%
10.	techside.net		7,107	3.22	00:02:58	16.62%	41.86%

「トラフィック」→「参照サイト」レポートで参照トラフィックのセッション数が多いサイトをリスト表示したところ

ンの効率を見ながらコンテンツを投入していけば参照トラフィックを稼ぎ出せます。

　しかし、参照サイトは数が多いのでそれぞれにリンクを設定するのは大変です。そこで、新規ユーザーを紹介してくれそうな参照サイトはどこか、をGoogle Analyticsで分析します。といっても、「参照サイト」レポートの「表示」で、「比較」を選び、「新規セッション率」を比較対象にするだけです。

サイトの利用状況	目標セット1						表示:
セッション **411,507** 全セッションに対する割合: 33.35%	平均ページビュー **3.74** サイトの平均: 3.89 (-3.87%)	平均サイト滞在時間 **00:03:15** サイトの平均: 00:03:30 (-7.27%)	新規セッション率 **24.62%** サイトの平均: 26.45% (-6.91%)	直帰率 **43.92%** サイトの平均: 44.85% (-2.06%)			

	参照元	セッション ↓	参照元 別: 新規セッ	サイトの平均との比較
1.	dailynews.yahoo.co.jp	49,365		138.68%
2.	rakugakidou.net	20,818	-53.94%	
3.	google.co.jp	18,681	-54.75%	
4.	bbs.kakaku.com	17,821	-8.39%	
5.	mactree.sannet.ne.jp	9,469	-76.44%	
6.	jp.fujitsu.com	9,343	-68.56%	
7.	news.google.co.jp	8,647		40.27%
8.	blog.livedoor.jp	8,038	-11.29%	
9.	hk.dmz-plus.com	7,499	-54.37%	
10.	techside.net	7,107	-37.17%	
11.	www6.ocn.ne.jp	6,943	-54.86%	
12.	b.hatena.ne.jp	6,434	-27.25%	
13.	google.com	6,136	-58.84%	
14.	digicamezine.com	6,115	-61.85%	
15.	ime.nu	6,041	-9.81%	
16.	netamichelin.blog68.fc2.com	5,456	-31.74%	
17.	kamo.pos.to	5,343	-60.80%	
18.	karzusp.net	4,595	-59.35%	
19.	nueda.main.jp	4,045	-41.40%	
20.	d.hatena.ne.jp	3,728	-33.47%	
21.	ja.wikipedia.org	3,728		33.67%
22.	ubuntulinux.jp	3,476		31.61%
23.	search.goo.ne.jp	3,412		37.51%
24.	twitter.com	3,290	-22.43%	
25.	members.jcom.home.ne.jp	3,211	-60.56%	

「参照サイト」レポートの「表示」で、「比較」を選び、
「新規セッション率」を比較対象にしたところ

　参照トラフィックのセッション数が多いのに、新規セッション率がサイト平均よりも高いサイトとして、Yahoo!ニュース、Googleニュース、Wikipedia日本語版、Ubuntu Japanese Team、goo検索があることが分かりました。つまり、これらが固定客になる可能性があるのに、リーチできてないユーザーが多いサイト、ということになります。

参照されやすい
コンテンツを作るには？

　「リンクを張ればユーザーが訪れるわけではないと思いますよ。何かコツがあるんでしょうか？」——もっともです。リンクを張っても、人間が来てくれなければ意味がありません。価値の高いリンクを増やすにはどうすればいいのでしょうか。

☐ Yahoo! ニュース

　ニュースになりそうな話題についてあらかじめ調べておきます。たとえば、ドラマやスポーツのように、ニュースサイトが取り上げそうな話題で、事前に準備ができる記事は、ニュースになる前から仕込んでおきます。ニュース記事の関連リンクや関連情報として取り上げられれば、大きなトラフィックになります。

☐ Googleニュース

　ニュースサイトに限られますが、見出しや本文のキーワードを工夫し、他社よりも早く記事を公開すれば、Googleのクローラーが拾ってくれます。

☐ Wikipedia日本語版

　百科辞典はテキスト中心なので、自社で扱う商品を写真や図版で説明し、「図鑑」として外部リンクを設定します。爆発的なトラフィックにはなりませんが、定常的なトラフィックになります。ただし、誰でも編集できるのがWikipediaの特徴ですので、無意味なリンクはすぐに削除されます。Wikipediaユーザーのメリットを損なうリンクにしてはいけません。

□ 一般ユーザーのブログ

　毎日ブログを更新できるほど話題が豊富な人はあまりいません。たいていの人はテレビ番組や有名人、著名人の発言への感想、日常生活で起きたことなどを書き込みますので、ちょっと褒めたり、批判したりできるような「隙」をあえて作ったり、これまでと何かが異なることが不可欠です。

　話題作りの基本テクニックとして、色、形、大きさ、匂い、材料を組み替える、という方法があります。たとえば、どら焼きで話題が作りたければ、真っ黒などら焼き、正方形のどら焼き、直径50センチのどら焼き、カレー風味のどら焼き、抹茶どら焼きなど、話題になる商品を作ってブロガーに語ってもらったり、メディアに取り上げてもらったりするのは、もっとも基本的なバイラルマーケティングの手法です。

　上記は、さまざまな勉強会で言われていることのうち、比較的穏便なテクニックです。残念ながらASCII.jpではどれも実践できていませんが、他社の事情を聞くと、かなり効果があるといいます。Webにノイズを増やすことはすべきでないと思いますが、Web全体が便利で充実する方向に働くのであればよいのかもしれません。

[3-8] 参照トラフィックの「冷やかし」と「真剣」を見分ける

　[3-8]では、コンテンツと参照元サイトの相性をGoogle Analyticsでアクセス解析する方法を紹介します。ユーザーがどの参照元サイトから、どのような動機で訪れ、どのコンテンツを読み、どんな感想を持ったのかをアクセス解析ツールから読み取る手法を説明し、コンテンツの改善や時流の変化に気づけるようにします。

　「**参照元サイトについては、[3-7]でも説明がありましたよ。参照トラフィックが増えていることに気づいたら、どの参照元から増えているのか調べて、さらに新規セッション率が高い参照元を見つけて、潜在的ユーザーを獲得する、という話でした**」──実は、参照トラフィックが増える理由は大きく2つあるのです。

- ●ユーザー数の多いWebサイトで取り上げられ、多くのユーザーが訪れる
- ●たくさんのWebサイトで取り上げられ、多くのユーザーが訪れる

　参照サイトで訪れるのは紹介客です。[3-7]で紹介したのは、Yahoo!ニュースのようにユーザー数の多いWebサイトで取り上げられる場合で、テレビ番組で有名人が「○○というお店のケーキがおいしい」と紹介するようなものです。影響力の大きいWebサイトからのリンクが張られることで、大勢のユーザーが訪れます。一方、ユーザー数の少ないWebサイトで取り上げられても、参照トラフィックが如実に増えることは普通はありません。しかし、そのページに世間を騒がせるほどの影響力があれば、ユーザー数の多いWebサイトで取り上げられなくても、巨大な参照トラフィックが発生します。

以下は、ASCII.jpのあるサブドメインについて、ある期間を比較したときの表です。

		期間A	期間B	増減
全体	セッション数	474,448	670,436	**+41.31%**
	平均ページビュー	4.42	4.48	**+1.48%**
	ページビュー	2,095,695	3,005,095	**+43.39%**
	直帰率	43.60%	43.59%	**-0.02%**
ノーリファラー	セッション数	110,403	128,675	**+16.55%**
	構成比	23.27%	19.19%	**-17.52%**
	平均ページビュー	5.18	5.63	**+8.57%**
	直帰率	38.72%	38.42%	**-3.42%**
参照サイト	セッション数	178,914	341,798	**+91.04%**
	構成比	37.71%	50.98%	**+35.19%**
	平均ページビュー	4.18	3.98	**-4.76%**
	直帰率	42.11%	44.53%	**+5.75%**
検索エンジン	セッション数	185,131	199,963	**+8.01%**
	構成比	39.02%	29.83%	**-23.56%**
	平均ページビュー	4.19	4.61	**+9.92%**
	直帰率	47.94%	45.96%	**-4.15%**

　表からサイトの傾向を読み取ります。期間Bは期間Aに比べてセッション数が41.31%増え、平均ページビューも1.48%増えたため、ページビューは43.39%伸びました。セッション数はどのトラフィックでも増えていますが、参照サイトが91.04%（16万2884セッション）増えているのが特徴です。では、16万2884セッションものトラフィックはどのWebサイトから誘導されてきたのでしょうか。

多くのユーザーを呼び込む
コンテンツを発見するには？

　参照トラフィックが16万2884セッション増えた原因を調べるために、「トラフィック」→「参照サイト」レポートで参照元サイトを調べてみましょう（次ページ）。

　期間Bは、期間Aに比べて参照トラフィックが16万2884セッション増えましたが、上位10件の増加分を計算しても13万3333セッションにしかなりません。しかも参照元の1位は「livedoor Blog」（blog.livedoor.jp）ですので、1つのページに取り上げられたのではなく、たくさんのブログからリンクが張られたことで、参照トラフィックが増えました。[3-7]ではYahoo! ニュースという日本一のニュースサイトの送客力を見ましたが、この例のように、ちりも積もれば式に、多くのブログで取り上げられても参照トラフィックが増えることが分かります。コンテンツそのものにリンクを集めるいわば「誘客力」があるわけです。

　こうなると、どのサイトからのトラフィックが増えたのかを調べても意味がありません。まず、どのコンテンツが人気を集め、人気のあるコンテンツを参照したのはどのサイトかを考える必要があります。しかし、Google Analyticsには「参照トラフィックからの訪問が多いページ」というレポートがありません。そこで、アドバンスセグメントを作って分析します。

　「参照トラフィックからの訪問が多いページ」を調べるとき、元になるのは「コンテンツ」→「閲覧開始ページ」レポートです。「閲覧開始ページ」レポートのアドバンスセグメントで「参照トラフィック」を選んで「適用」ボタンを押すと、それぞれのページのセッション数と、参照トラフィックのセッション数が分かります。

第3章 実践編　Google Analyticsによる問題解決

サイトの利用状況　目標セット1

セッション	平均ページビュー	平均サイト滞在時間	新規セッション率	直帰率
341,798 前回: 178,924 (91.04%)	**3.98** 前回: 4.18 (-4.76%)	**00:02:48** 前回: 00:03:13 (-12.82%)	**35.23%** 前回: 21.25% (65.84%)	**44.53%** 前回: 42.11% (5.75%)

	参照元	セッション ↓	平均ページビュー	平均サイト滞在時間	新規セッション率	直帰率
1.	blog.livedoor.jp					
	期間B	73,834	2.52	00:00:51	54.13%	62.78%
	期間A	1,906	3.66	00:02:25	25.66%	49.74%
	変化率	3,773.77%	-31.25%	-64.57%	110.99%	26.22%
2.	dailynews.yahoo.co.jp					
	期間B	42,092	3.24	00:02:00	79.41%	56.05%
	期間A	2,875	2.92	00:01:14	68.10%	59.69%
	変化率	1,364.07%	10.95%	62.22%	16.61%	-6.10%
3.	b.hatena.ne.jp					
	期間B	10,095	4.07	00:04:08	24.32%	31.40%
	期間A	4,362	3.53	00:03:45	24.78%	41.10%
	変化率	131.43%	15.36%	9.92%	-1.87%	-23.61%
4.	rakugakidou.net					
	期間B	8,922	3.97	00:03:06	11.91%	33.37%
	期間A	7,666	4.83	00:04:03	9.91%	30.72%
	変化率	16.38%	-17.64%	-23.65%	20.18%	8.62%
5.	www6.ocn.ne.jp					
	期間B	8,311	2.92	00:02:10	13.09%	54.66%
	期間A	6,443	3.30	00:02:35	11.98%	43.72%
	変化率	28.99%	-11.70%	-16.14%	9.26%	25.02%
6.	ime.nu					
	期間B	7,388	5.03	00:03:03	27.84%	38.26%
	期間A	4,119	4.23	00:02:47	31.44%	45.42%
	変化率	79.36%	18.85%	9.12%	-11.44%	-15.78%
7.	jp.fujitsu.com					
	期間B	6,585	4.77	00:04:04	9.42%	31.71%
	期間A	3,458	4.44	00:03:19	9.92%	28.95%
	変化率	90.43%	7.47%	22.49%	-5.08%	9.54%
8.	bbs.kakaku.com					
	期間B	6,280	6.02	00:04:01	28.25%	33.36%
	期間A	4,293	5.90	00:03:38	22.20%	31.17%
	変化率	46.28%	2.12%	10.94%	27.25%	7.04%
9.	google.co.jp					
	期間B	5,915	4.48	00:04:18	13.34%	32.22%
	期間A	4,212	4.16	00:04:12	10.26%	39.60%
	変化率	40.43%	7.78%	2.67%	30.05%	-18.63%
10.	mactree.sannet.ne.jp					
	期間B	5,586	3.83	00:02:57	8.06%	47.17%
	期間A	2,341	2.90	00:02:06	8.42%	65.44%
	変化率	138.62%	31.92%	40.54%	-4.27%	-27.92%

「トラフィック」→「参照サイト」レポートで参照元サイトを調べたところ

[3-8] 参照トラフィックの「冷やかし」と「真剣」を見分ける

ページ		閲覧開始数	直帰数	直帰率
1. ページA				
	全セッション	134,428	39,226	29.18%
	参照トラフィック	42,629	11,807	27.70%
	全体に対する割合	31.71%	30.10%	-5.08%
2. ページB				
	全セッション	87,870	51,603	58.73%
	参照トラフィック	74,907	43,925	58.64%
	全体に対する割合	85.25%	85.12%	-0.15%
3. ページC				
	全セッション	36,656	9,452	25.79%
	参照トラフィック	33,602	8,381	24.94%
	全体に対する割合	91.67%	88.67%	-3.26%
4. ページD				
	全セッション	31,610	17,977	56.87%
	参照トラフィック	23,151	12,885	55.66%
	全体に対する割合	73.24%	71.67%	-2.13%
5. ページE				
	全セッション	28,952	10,190	35.20%
	参照トラフィック	8,943	3,085	34.50%
	全体に対する割合	30.89%	30.27%	-1.98%
6. ページF				
	全セッション	12,076	1,509	12.50%
	参照トラフィック	9,709	1,159	11.95%
	全体に対する割合	80.40%	76.81%	-4.40%
7. ページG				
	全セッション	10,452	5,996	57.37%
	参照トラフィック	8,574	4,847	56.53%
	全体に対する割合	82.03%	80.84%	-1.46%
8. ページH				
	全セッション	7,959	2,977	37.40%
	参照トラフィック	3,435	1,441	41.96%
	全体に対する割合	43.16%	48.40%	12.18%
9. ページI				
	全セッション	7,667	3,456	45.08%
	参照トラフィック	4,065	1,736	42.71%
	全体に対する割合	53.02%	50.23%	-5.25%
10. ページJ				
	全セッション	7,488	2,876	38.41%
	参照トラフィック	6,522	2,591	39.74%
	全体に対する割合	87.10%	90.09%	3.47%

「閲覧開始ページ」レポートのアドバンスセグメントで「参照トラフィック」を選び、それぞれのページのセッション数と、参照トラフィックのセッション数を表示したところ

「全セッション」と「参照トラフィック」の数値がなるべく近いものを探せば、参照トラフィックを特に稼いだのがどのページなのか分かります。たとえば「ページA」は全セッションが13万4428で参照トラフィックは4万2629ですので、「参照トラフィックからの訪問が多いページ」とはいえません。一方、「ページB」は全セッションが8万7870で参照トラフィックは7万4907、「ページC」は全セッションが3万6656で参照トラフィックは3万3602、「ページD」は全セッションが3万1610で参照トラフィックは2万3151。どうやら、ページB、ページC、ページDが参照トラフィックを増やした原因と見てよさそうです。

参照トラフィックの「冷やかし」と「真剣」を見分けるには？

　「参照トラフィックは多ければいいのでしょうか？　極端にいえば、Webページが『炎上』して参照トラフィックが増えても、コンバージョンにはつながらないし、むしろブランドの価値を下げることもあると思います」──おっしゃる通りです。一般的に、セッション数が増えればコンバージョン数も増えますが、「冷やかし」で訪れるユーザーが増えればコンバージョン率は下がってしまいます。そこで、ページBを例に、参照トラフィックが「冷やかし」なのか「真剣」なのか見分ける方法を紹介しましょう。

　まず、閲覧開始ページのアドバンスセグメントで「全セッション」と「参照トラフィック」を表示した状態にします。さきほど説明したように、「全セッション」と「参照トラフィック」の数値がなるべく近いものを探し、参照トラフィックの増加に貢献したページを特定します。次に、ページのリンクをクリックしてドリルダウンし、「コンテンツの詳細」レポートを表示します。

[3-8] 参照トラフィックの「冷やかし」と「真剣」を見分ける

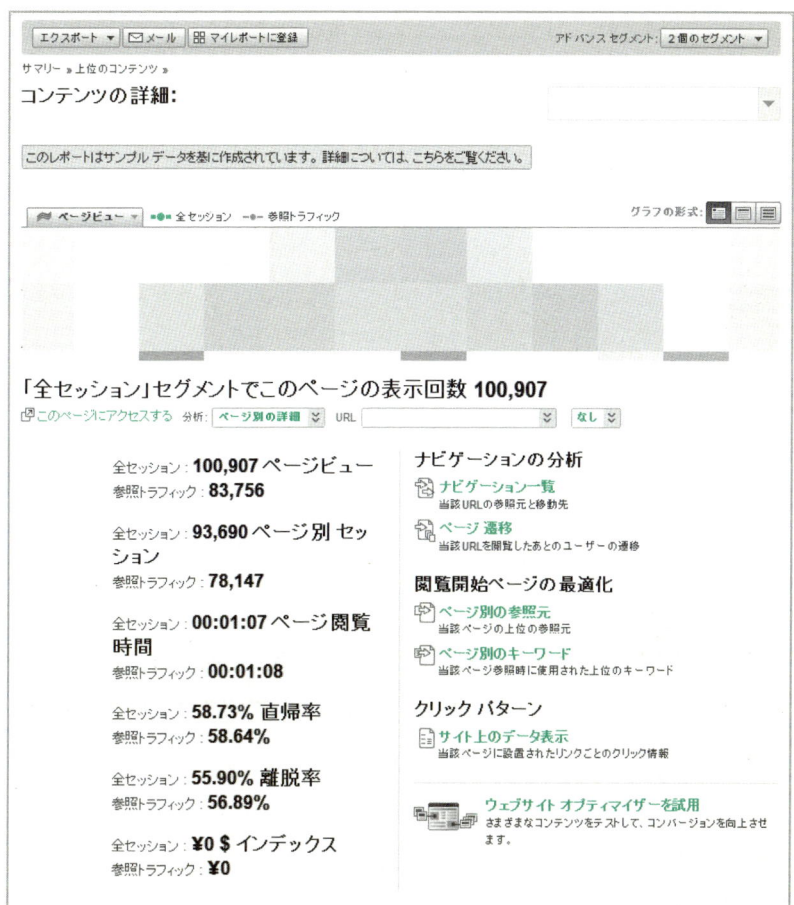

閲覧開始ページのリンクをクリックしてドリルダウンし、
「コンテンツの詳細」レポートを表示したところ

　さらに「ページ別の参照元」をクリックしてドリルダウンし、「ページ別の参照元」レポートを表示します。以後は参照トラフィックだけの話になりますので、アドバンスセグメントの「参照トラフィック」をオフにして、通常の表示に戻します。

	参照元	なし	ページビュー	ページ別セッション	平均ページ滞在時間	直帰率	離脱率	$インデックス
1.	blog.livedoor.jp		150,723	142,310	00:00:33	63.27%	41.30%	¥0
2.	(direct)		9,887	9,062	00:00:47	42.47%	26.78%	¥0
3.	google		8,553	7,293	00:00:45	34.72%	21.34%	¥0
4.	mactree.sannet.ne.jp		6,735	5,988	00:00:54	14.01%	17.44%	¥0
5.	ime.nu		5,536	4,872	00:00:52	37.77%	23.61%	¥0
6.	messages.yahoo.co.jp		4,140	2,943	00:00:42	40.16%	19.92%	¥0
7.	techside.net		3,800	3,167	00:00:50	33.45%	19.55%	¥0
8.	b.hatena.ne.jp		2,860	2,530	00:00:43	38.59%	25.22%	¥0
9.	d.hatena.ne.jp		2,153	1,874	00:00:49	27.54%	20.80%	¥0
10.	rakugakidou.net		1,952	1,776	00:00:59	39.11%	26.10%	¥0

「ページ別の参照元」をクリックしてドリルダウンし、
「ページ別の参照元」レポートを表示したところ

　ページBの参照トラフィックは7万4907のはずでしたが、「ページ別の参照元」レポートではページ別セッション数が14万2310になっています。「ページ別の参照元」レポートはサンプルデータに基づいているので、指標そのものを信用しない方がよいでしょう。とはいえ、ページBの参照元は別のレポートでもlivedoor Blogが多いので、ブログから多く参照されたことは確かなようです。参照元の約72％がlivedoor Blogで、他にも2ちゃんねるやブログで取り上げられていることが分かります。

　では、それぞれのlivedoor Blogではどのように取り上げられたのでしょうか。残念ながら、「ページ別の参照元」レポートでは、個々の参照元ページが分かりませんので、個々の参照元ページが知りたい場合は「トラフィック」→「参照サイト」レポートのドメイン名をドリルダウンして調べてください。

　ページBの直帰率に注目しましょう。このサブドメインの平均は43.59％ですが、ページBの参照トラフィックの直帰率は57.54％もあり

ます。livedoor Blogから訪れたユーザーに限ってみれば直帰率が63.27％もあり、このページに訪れているのは「冷やかし」目的のユーザーがほとんどのようです。

「『冷やかし』ではコンバージョンにつながりませんよね？ ページBを作ったのは失敗だった、ということでしょうか」──確かに、成功か失敗かといえば失敗です。しかし、参照トラフィックで訪れたユーザーがすべて「冷やかし」だったかというと、そうではないこともGoogle Analyticsのレポートから読み取れます。同じレポートで、「表示」を「比較」に設定し、比較項目として「直帰率」を選んだのが以下の画面です。

参照元	ページビュー	参照元 別：直帰率 サイトの平均との比較
1. blog.livedoor.jp	150,723	45.17%
2. (direct)	9,887	-2.57%
3. google	8,553	-20.34%
4. mactree.sannet.ne.jp	6,735	-67.86%
5. ime.nu	5,536	-13.35%
6. messages.yahoo.co.jp	4,140	-7.86%
7. techside.net	3,800	-23.25%
8. b.hatena.ne.jp	2,860	-11.46%
9. d.hatena.ne.jp	2,153	-36.80%
10. rakugakidou.net	1,952	-10.28%

「ページ別の参照元」レポートで、「表示」を「比較」に設定し、比較項目として「直帰率」を選んだところ

参照元の72％を占めるlivedoor Blogからのユーザーは、直帰率が63.27％もあり、ページBを冷やかし目的で訪れたようです。しかし、他のサイトから訪れたユーザーは、サイト平均よりも直帰率が低く、むしろ真剣に読んでくれたことが分かります。特に「MacTree」（mactree.sannet.ne.jp）と「はてなダイアリー」（d.hatena.ne.jp）から訪れたユーザー

は直帰率がサイト平均よりも明らかに低く、livedoor Blogとのユーザー層の違いが分かります。

　こうして見ると、**参照元コンテンツの文脈の中で期待されるコンテンツが決まる**という参照トラフィックの特徴がよく分かります。検索エンジントラフィックの場合、検索エンジンが異なっても、同じキーワードで訪れたユーザーの目的（調査、比較、購入など）は同じであり、新規セッション率を除けば、ユーザーのサイト内での行動はほぼ同じです（[3-5]を参照）。一方、参照トラフィックの場合、参照元サイトがそもそもどんなユーザー層に利用されているか、参照元でどのように紹介されたかによって、訪れたユーザーの行動が変わるのです。リンクを張っているのが人間なので、**張った人の価値観がユーザーの行動を左右する**わけです。

[3-9] 参照トラフィックの分析でライバルからユーザーを奪う

[3-9]では、参照元サイトとコンテンツの相性を調べ、潜在的に常連ユーザーになる可能性が高いユーザーがどこにいるか、また、未開拓の新規ユーザーを多く抱えている隠れた鉱脈を見つけるにはどうしたらいいかを取り上げます。

「セッション数の増減をトラフィック別に分析し、参照トラフィックの増減が顕著だったときの参照サイトがどこなのか調べるわけですね」
──はい。だんだんGoogle Analyticsの分析手法が身についてきたようですね。あるWebアナリストはGoogle Analyticsを使ったアクセス解析を「因数分解」と呼んでいました。変化に気づいたら原因を考え、さらにどの原因が何かを考える。[1-1]でGoogle Analyticsのメニューが因果関係順に並んでいると説明したとおり、ドリルダウン機能を使って、原因-結果の因果関係を次々に掘り下げていけるのがGoogle Analyticsの面白さです。ではさっそく、ASCII.jpのあるサブドメインについて、ある期間を比較したときの表を分析してみましょう。

		期間A	期間B	増減
全体	セッション数	1,405,691	1,395,523	**-0.72%**
	平均ページビュー	3.94	4.02	**+1.82%**
	ページビュー	5,545,342	5,605,222	**+1.08%**
	直帰率	44.10%	44.16%	**+0.12%**
ノーリファラー	セッション数	298,169	290,632	**-2.53%**
	構成比	21.21%	20.83%	**-1.82%**
	平均ページビュー	4.26	4.25	**+0.32%**
	直帰率	42.59%	43.13%	**+1.25%**
参照サイト	セッション数	412,439	419,220	**+1.64%**
	構成比	29.34%	30.04%	**+2.38%**
	平均ページビュー	3.73	3.91	**+4.91%**
	直帰率	42.51%	41.07%	**-3.39%**
検索エンジン	セッション数	695,077	685,594	**-1.36%**
	構成比	49.45%	49.13%	**-0.65%**
	平均ページビュー	3.94	3.97	**+0.85%**
	直帰率	45.70%	46.48%	**+1.72%**

　「サイト全体でセッション数が0.72%減りましたが平均ページビューが若干増えたので、ページビューが1.08%伸びました。 もっともセッション数が減ったのはノーリファラーで、2.53%減り、検索エンジンからも1.36%減りました。何ですかコレは！ ほとんど同じじゃないですか！」──そうですね。実際にアクセスを解析すると分かりますが、Webサイトの指標はつねに変動しているわけではありません。しかし、変動していなくてもアクセスを解析する必要があるのです。特に、参照トラフィックは誰かが外部でリンクを張ることで発生しますので、同じような数値だから同じようなユーザーが、同じようなサイトから訪れた、と理解するのは大間違いです。ユーザーの嗜好は季節や世相によって移り変わっていきますので、指標がほぼ同じ値でも、中身は大きく変化している可能性があるのです。

[3-9] 参照トラフィックの分析でライバルからユーザーを奪う

参照サイト

以下は、「トラフィック」→「参照サイト」レポートで、期間Aと期間Bの参照トラフィックを調べたときの画面です。

「トラフィック」→「参照サイト」レポート

参照トラフィックのセッション数は前の期間に比べて1.66％増えただけですが、参照元サイトごとのセッション数は大きく変動していることが分かります。これまでは説明のしやすさを優先して「大きな変化に気づいて原因を探る」という手法を採りましたが、実際のアクセス解析では「表面的には変化がない変化に気づく」ことも重要です。

　どの参照サイトからのトラフィックがどれだけ増減したのかは、同じレポートで表示形式を比較モードにすると、分かりやすいです。

　期間Aと期間Bの参照トラフィックは、全体のセッション数という表面的な指標ではほとんど同じですが、どのサイトからユーザーが訪れたかを見ると、かなり異なります。上位25件を見ると、もっとも減少率が高い「news.google.co.jp」で-57.58％なのに対して、増加率が高い「ねたミシュラン」（netamichelin.net）は642.18％、「にゅーあきばどっとこむ」（new-akiba.com）で291.62％もあります。つまり、全体的には外部からリンクを張ってもらえる記事は少なかったものの、特定のWebサイトの嗜好にはマッチしたため、参照トラフィック全体では変化がないように見えるのです。しかし、参照トラフィックの実態としては減少傾向にあるので、問題を分析して手当てする必要があります（実際に、この後の期間で参照トラフィックが激減しました）。

　「参照サイトによってセッション数の増減に違いがあるのは分かったのですが、問題を分析して手当てするにはどうしたらいいのでしょうか？」──Google Analyticsのレポートだけでは踏み込んで考えにくいので、データをExcelにエクスポートします。ここからはエクスポートとデータの整形方法なので、実際に作業しない場合は読み飛ばしてください。

[3-9] 参照トラフィックの分析でライバルからユーザーを奪う

参照サイト

サイトの利用状況	目標セット1				
セッション	平均ページビュー	平均サイト滞在時間	新規セッション率	直帰率	
418,339	**3.91**	**00:03:26**	**21.09%**	**41.09%**	
前回: 411,494 (1.66%)	前回: 3.72 (5.00%)	前回: 00:03:22 (1.88%)	前回: 21.10% (-0.06%)	前回: 42.54% (-3.41%)	

	参照元		セッション	参照元 別: セッション	
1.	rakugakidou.net		32,929		31.09%
2.	google.co.jp		20,405	-9.16%	
3.	bbs.kakaku.com		17,836	-1.25%	
4.	dailynews.yahoo.co.jp		15,078		21.32%
5.	www6.ocn.ne.jp		10,680		3.05%
6.	techside.net		10,336		358.56%
7.	mactree.sannet.ne.jp		9,760		20.42%
8.	jp.fujitsu.com		8,691	-21.41%	
9.	karzusp.net		7,204		23.48%
10.	members.jcom.home.ne.jp		7,006	-11.70%	
11.	digicamezine.com		6,969		2.62%
12.	ubuntulinux.jp		6,506		38.96%
13.	google.com		6,492	-6.56%	
14.	new-akiba.com		6,309		291.62%
15.	ime.nu		6,190	-19.27%	
16.	b.hatena.ne.jp		5,069	-33.57%	
17.	search.goo.ne.jp		4,952	-0.66%	
18.	news.google.co.jp		4,416	-57.58%	
19.	s.luna.tv		4,145	-5.30%	
20.	blog.livedoor.jp		4,028	-10.47%	
21.	hk.dmz-plus.com		3,902		5.60%
22.	ja.wikipedia.org		3,589		2.37%
23.	kamo.pos.to		3,399	-29.00%	
24.	netamichelin.net		3,273		642.18%
25.	d.hatena.ne.jp		3,247	-3.71%	

2つの期間のセッション数の増減を調べるには「トラフィック」→「参照サイト」レポートの表示形式を比較モードにすると分かりやすい

参照トラフィックのデータをExcelにエクスポートするには？

　参照サイトとコンテンツの相性を調べるために、期間比較の状態から、単一期間の表示に戻します。表示件数を500件にして、レポート上部の「エクスポート」ボタンをクリックし、「CSV形式(Excel)」リンクをクリックして、Excel用のCSVファイルをダウンロードします。

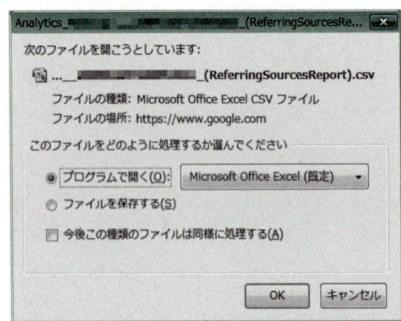

「エクスポート」→「CSV形式(Excel)」でExcel用のCSVファイルをダウンロード

CSVファイルをExcelで開いたら、データを整形して分析しやすくします。まず、冒頭のサマリー部分と不要な指標を削除します。

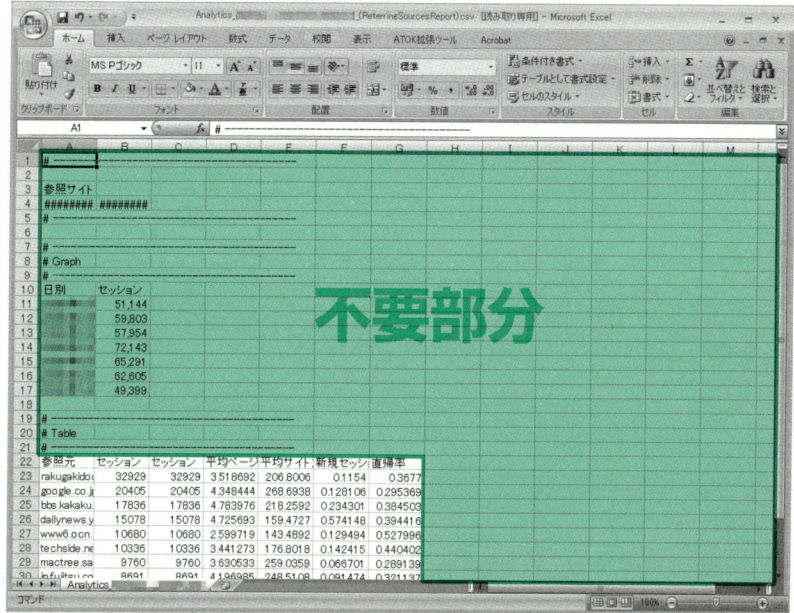

CSVファイルの不要な部分を削除して、解析しやすくする

次に、セッション数はカンマ区切りの数値型に、平均ページビューは小数点以下第2位まで表示の数値型に、平均サイト滞在時間はカンマ区切りの数値型に、新規セッション率と直帰率は小数点以下第2位までの％型に整形します。「並べ替えとフィルタ」→「フィルタ」でフィルター機能をONにすれば、準備完了です。

CSVファイルを解析用に整形したところ

[3-9] 参照トラフィックの分析でライバルからユーザーを奪う

参照サイト

次に、参照サイトを新規セッション率が平均よりも高いか低いか、直帰率が平均よりも高いか低いかでフィルターし、次のような表を作ります。

新規率高×直帰率低	新規率高×直帰率高	新規率低×直帰率低	新規率低×直帰率高
bbs.kakaku.com	new-akiba.com	rakugakidou.net	www6.ocn.ne.jp
dailynews.yahoo.co.jp	ime.nu	google.co.jp	techside.net
ubuntulinux.jp	search.goo.ne.jp	mactree.sannet.ne.jp	members.jcom.home.ne.jp
74.125.153.132	s.luna.tv	jp.fujitsu.com	b.hatena.ne.jp
yamaha.co.jp	ja.wikipedia.org	karzusp.net	news.google.co.jp
mediajam.info	netamichelin.net	デジタルカメラ専門サイトX	hk.dmz-plus.com
mozilla.jp	newser.s312.xrea.com	google.com	kamo.pos.to
antec.com	detail.chiebukuro.yahoo.co.jp	blog.livedoor.jp	d.hatena.ne.jp
iodata.jp	oshiete1.goo.ne.jp	odak66.cool.ne.jp	twitter.com
digitallife.jp.msn.com	ameblo.jp	links.co.jp	mew5.com
ikedanobuo.livedoor.biz	tokkaban.blog120.fc2.com	j-cast.com	www5b.biglobe.ne.jp
index.ascii.jp	ocnsearch.goo.ne.jp	reader.livedoor.com	trip-luv.hp.infoseek.co.jp
green.search.goo.ne.jp	q.hatena.ne.jp	emcs.sony.co.jp	mixi.jp
backnumber.dailynews.yahoo.co.jp	gigazine.net	henjinkutsu.net	sukumizu.jp
plaza.rakuten.co.jp	websearch.rakuten.co.jp	northwood.blog60.fc2.com	sshiori.dtiblog.com
almostdeadbydawn.com	okwave.jp	ad.adlantis.jp	blog.goo.ne.jp
linksyu.com	purotora.com	so-mo.net	iiaccess.net
ascii-business.com	images.google.com	nueda.main.jp	ascii24.com
geocities.jp	jyouhouya3.net	dslcamera.ptzn.com	ujiarmy.net
ascii.asciimw.jp	dic.nicovideo.jp	macpeople.jp	earlbox.sakura.ne.jp
usy.jp	google-analytics.com	egone.org	arigato-ipod.com

　Google Analyticsのレポートのうち、セッション数を扱うレポートでは新規セッション率と直帰率も扱えます。新規セッション率と直帰率を組み合わせることで、ある指標のセッション数が多いか少ないかではなく、「新規ユーザーが多く、しかも多くのユーザーが読み進んだのはどれか？」や「既存ユーザーが多いのに、読まれなかったのはどれか？」という観点で指標を読み取れるようになるわけです。

ユーザーの感想を
指標から読み取るには？

「新規セッション率が高くて直帰率が低いセッションが多い参照サイトは潜在的に常連ユーザーになる可能性が高い、ということでしょうか？」
──本書の[3-5]では、キーワードについて同様の方法で解析しました。その際、「新規セッション率と直帰率の高低で、コンテンツがユーザーの目的を達成できたかを判断するのは実はかなり乱暴な話」と書いたように、新規セッション率と直帰率の高低で参照サイトとコンテンツの相性を判断するのも乱暴な話です。ただし、「乱暴」の意味はキーワードと参照サイトでは異なります。

キーワードの場合、あるキーワードで到達するコンテンツは1つ（検索エンジンが推薦するページ）なので、平均ページビューや平均サイト滞在時間は直帰したセッションを除いて考えないと、実態に迫れません。コンテンツが1ページなのか、2ページ以上なのか分からなければ、直帰率だけで満足だったか不満だったかを判断するのは乱暴です。

一方、参照サイトの場合、参照サイトがどのページにリンクを張るのかまったく分かりません。ある参照サイトからの直帰率が低い、高いという評価は、個々のコンテンツではなく、いくつかのリンクを張られたコンテンツの平均値になります。ブログのように1ページが基本のコンテンツでは直帰率が高くて当たり前ですので、「ある参照サイトからの直帰率が高いので、そのサイトとコンテンツの相性が悪い」という判断は乱暴なのです。

コンテンツに対するユーザーの感想を指標から読み取るには、以下のように指標を使い分けるといいでしょう。

サイトの分類	ユーザーの感想を推定するための指標
ニュースサイト	平均ページビュー
ブログ／eコマースページ	平均サイト滞在時間
プロモーションサイト	直帰率

　多くのニュースサイトは、1つの記事に複数のページがあります。ユーザーは何かの情報を知りたくて記事を読むはずなので、ユーザーの満足度は平均ページビューに現れるはずです。ブログやeコマースサイトは、1情報1ページであることが多いので、平均ページビューや直帰率ではユーザーの満足度を測れません。ユーザーの満足度はむしろ平均サイト滞在時間に現れるでしょう。プロモーションサイトは、そもそもの商品やサービスに興味がなければ、1つの記事が何ページあろうが直帰してしまいます。ユーザーの満足度は直帰率に現れるでしょう。ただ、1つの記事に複数のページがあるニュースサイトでも、ユーザーの満足度は直帰率に現れます。どの指標を使うか困ったら、直帰率を使うとよいでしょう。

参照サイトの指標から
コンテンツ整備の方向を読み解くには？

　本題に戻って、参照サイトを分析します。参照サイトの新規セッション率と直帰率の高低は、以下のように解釈するとよいでしょう。

新規セッション率が高く、直帰率が低い	新発見の鉱脈。新しいユーザーがコンテンツに満足した。
新規セッション率が高く、直帰率が高い	見物客。これまでリーチできなかったユーザー層だが、コンテンツには興味がなかった。
新規セッション率が低く、直帰率が低い	寄り道客。非常によく似たユーザー層にリーチしている、他のサイトの常連ユーザー。
新規セッション率が低く、直帰率が高い	素通り客。よく訪れるユーザーだが、コンテンツに本心から興味があるわけではない。

「この表を参考に、どのサイトからユーザーを奪取すればいいか考えればいいわけですか？」——理論的にいえば、「新規セッション率が高く、直帰率が低い」参照サイトから訪れたユーザーは、常連客になりやすいでしょう。また、「新規セッション率が低く、直帰率が低い」参照サイトから訪れたユーザーも、今までなぜ常連客にできなかったのかを検討すれば、問題を解決できそうです。逆に、「新規セッション率が高く、直帰率が高い」参照サイトから訪れたユーザーは、サイトのコンテンツとの相性はあまりよくないようです。また、「新規セッション率が低く、直帰率が高い」参照サイトから訪れたユーザーは、よく訪れる割には常連化していないか、どちらのサイトも訪れているかのどちらかでしょう。

「ということは、新規セッション率にかかわらず、直帰率が低い参照サイトからのユーザーを常連化する方法を考えればいいわけですね？」——この後は、具体的に参照サイトを見ましょう。以下は、期間Bの直帰率が低い参照サイトの上位10件です。

新規率高×直帰率低	新規率低×直帰率低
bbs.kakaku.com	rakugakidou.net
dailynews.yahoo.co.jp	google.co.jp
ubuntulinux.jp	mactree.sannet.ne.jp
74.125.153.132	jp.fujitsu.com
yamaha.co.jp	karzusp.net
mediajam.info	デジタルカメラ専門サイトX
mozilla.jp	google.com
antec.com	blog.livedoor.jp
iodata.jp	odak66.cool.ne.jp
digitallife.jp.msn.com	links.co.jp

たとえば、「bbs.kakaku.com」は価格比較サイトですし、「ヤマハ」(yamaha.co.jp)は企業サイトですので、ASCII.jpのユーザーとして取り込

むのはまず不可能でしょう。「Googleニュースリーダー」(google.co.jp)は RSSフィードのWebアプリケーション、「livedoor Blog」(blog.livedoor.jp) はブログサイトですので、そもそもWebサイトの主旨が異なります。参照サイトとコンテンツの相性はよさそうですが、だからといって常連化できるわけではないのです。

一方、「デジタルカメラ専門サイトX」はこの中では唯一同業のメディアサイトで、ASCII.jpよりも規模が小さそうです。デジカメ専業メディアで常連ユーザーも多そうですが、ASCII.jpがデジタルカメラ専門サイトX並にコンテンツを充実させれば、もしかすると固定客を奪取できるかもしれません。本稿はASCII.jpの運営方針を述べているわけではありませんので実名は出しませんが、可能性としては高そうです。

「なるほど。ところで期間Aと期間Bの比較だったと思いますよ」——そうですね。では、期間Aについても直帰率が低い参照サイトの上位10件を見てみましょう。

新規率高×直帰率低	新規率低×直帰率低
bbs.kakaku.com	google.co.jp
ime.nu	jp.fujitsu.com
ubuntulinux.jp	mactree.sannet.ne.jp
digitallife.jp.msn.com	google.com
74.125.153.132	デジタルカメラ専門サイトX
egone.org	karzusp.net
mediajam.info	kamo.pos.to
antec.com	d.hatena.ne.jp
mozilla.jp	reader.livedoor.com
index.ascii.jp	odak66.cool.ne.jp

ほぼ同じようなサイトが並んでいますが、**期間を変えて集計したとき、新規セッション率が高い方から低い方に移動するサイトがないか注意し**

てみてください。先行する期間では新規セッション率が高い方にあり、続く期間で新規セッション率が低い方にある場合は、特定ページにユーザーが訪れ、その後何度も訪れている可能性があるからです。メディアサイトであれば後追いのコンテンツを作ると読まれるでしょうし、eコマースサイトであれば価格比較サイトなどから送り込まれて、購入を迷っているユーザーの背中を一押しするようにコンテンツを修正するとよいかもしれません。

　一方、「デジタルカメラ専門サイトX」は、期間Aでも新規セッション率が低い方に分類されています。どうやら、ASCII.jpへのリンクをいくつも張ってくれているサイトなので、参照トラフィックを常時生んだり、いっそのことサイトのユーザーごと奪取できるように、コンテンツを整備するとよいかもしれません。

　以上で本書は終わりです。私がASCII.jpなどのWebサイト運営で培ったノウハウが皆さんのお役に立てそうでしょうか？　「あれ、コンバージョン率改善の話は？」、「指標から散布図を描いてPDCAを回す話はないの？」という声が聞こえてきそうですが、それは既刊書の方が詳しかったりしますので、本書では扱いませんでした。ただ、本書の元になったWeb連載はまだ続いています。Google AnalyticsのAPIを使ってデータを自動取得したり、他のサービスの指標と組み合わせるなど、Webアクセス解析でできることは数多く、書ききれていないことがずいぶんあるように思います。Web Professionalの連載でお会いしましょう。

本書は、Web Professional（http://ascii.jp/web/）に 2009 年 5 月〜 2010 年 1 月まで掲載された記事をまとめたものです。

【Webアクセス解析用語】

オーガニック【おーがにっく】
検索エンジンからのトラフィックは、検索結果に表示される広告枠と非広告枠がある。オーガニック（有機）とは、非広告枠の検索結果からのトラフィックのことで、検索エンジンによって算出されたキーワードの一致度によって、表示される順位が変わる。オーガニック検索を増やすには広い意味でのSEOを実施する。

クリック率【くりっくりつ】
クリックスルー率（CTR：Click Through Rate）ともいう。リンクがクリックされた回数を、リンクを含むページが表示された回数で割った割合のこと。

KPI【けーぴーあい】
Key Performance Indicator（重要業績評価指標）の略。事業の目的達成度を評価するための指標をあらかじめ定めておき、計画の進行状況や対策の効果などを測定するために使う。アクセス解析の場合、コンバージョン数やコンバージョン率をKPIに設定することが多いが、現実世界での行動がコンバージョンに含まれると、Webアクセス解析だけでは計測できない。

コンバージョン率【こんばーじょんりつ】
転換率（CVR:Conversion Rate）ともいう。コンバージョン数をコンバージョンに至る過程を開始した回数で割った割合のこと。eコマースサイトで購入手続き完了ページの表示をコンバージョン、セッション数をコンバージョンに至る過程の母数としたとき、1万セッションあって10回購入された場合のコンバージョン率は0.1％である。

新規セッション率【しんきせっしょんりつ】
集計期間中のセッションのうち、初めて訪れるユーザーによるセッションの割合。英語では「% New Visits」という。

セッション【せっしょん】
ユーザーがWebサイトを訪れること。「訪問」ともいう。ユーザーが最初にページを読み始めてから、他のWebサイトに移動したり、Webブラウザーを閉じたりして、ページを読み終えるまでが1つのセッション。英語ではセッションは「Visits」、ユーザーは「Visitor」と言います。お客さん（Visitor）がお店を訪れること（Visit）がセッションなので、セッション数≧ユーザー数という関係になる。

直帰率【ちょっきりつ】
1ページ閲覧しただけで終わってしまうセッションのこと。「直帰」という言葉には、「客先から直帰します」のように、「本来戻るべきところ（会社など）に戻らず、そのまま帰る」というニュアンスがあるため、アクセス解析の初心者には敷居の高い用語である。英語では「Bounce Rate」といい、「Bounce」は跳ね返るという意味なので、「直帰」ではボーンとはじき飛ばされてしまうイメージがない。直帰率とは、実店舗でいえ

ば「お客さんが、店に入ったのに奥へは進まずにそのまま帰ってしまう率」のことなので、「直去率」という方が理解しやすいかもしれない。

平均サイト滞在時間
【へいきんさいとたいざいじかん】
概念としてはユーザーがWebサイトに訪れ、最初にページを読み始めてから、他のWebサイトに移動したり、Webブラウザーを閉じたりして、ページを読み終えるまでの時間のこと。セッションの持続時間、とも言い換えられる。英語では「Average Time on Site」。ただし、最後に表示したWebページを読み終えた時間はわからないので、現実には、平均サイト滞在時間は、最初のページを表示してから、最後のページを読み始めるまでの時間のことである。

平均ページ滞在時間
【へいきんぺーじたいざいじかん】
ユーザーがあるページを表示し始めてから、他のページを読んだり、他のWebサイトに移動したり、Webブラウザーを閉じたりして、ページを読み終えるまでの時間のこと。

平均ページビュー
【へいきんぺーじびゅー】
ユーザーがセッション中に閲覧するページ数の平均のこと。英語では「Average Pageviews」という。

ページビュー 【ぺーじびゅー】
Webページが表示されること。指標としては「ページビュー数」というのが適切だが、単位としては「ページビュー」(Pageviews)という。

ユニークユーザー 【ゆにーくゆーざー】
WebブラウザーのCookieなどで識別されるユーザー数のこと。ログイン機能により計測できるユーザー数とは異なり、同じユーザーが同じPCから操作していてもWebブラウザーが異なったり、同じユーザーが異なるPCで操作しているときは別のユーザーとして計測される。

離脱率 【りだつりつ】
あるページがセッション中に最後に表示された回数を、そのページが表示された回数で割った割合のこと。

リファラー 【りふぁらー】
WebブラウザーがHTTPの要求ヘッダに付加する参照元URLのこと。Webサーバーはリファラーの有無によって、ユーザーがあるページを直接読んだのか、検索エンジンで調べたのか、どこかのWebページのリンクをたどってきたのかがわかる。

【索引】

AdWords ……… 47, 54
CMS ……… 32
Cookie ……… 25, 30, 32, 34
Excel ……… 12, 120, 135, 157, 161, 164, 172, 176, 179, 188, 204, 240, 242
eコマース ……… 10, 14, 20, 33
Flashのバージョン ……… 96, 97
Googlebot ……… 27, 29
Google Insights for Search ……… 209
Googleアカウント ……… 46, 74
HTML ……… 19, 29, 32, 35, 122
HTTP ……… 100
IPアドレス ……… 62, 99, 101
JavaScript ……… 18, 25, 30, 34, 62
Javaサポート ……… 97
KPI ……… 33
LPO ……… 208
OS ……… 92
PDCA ……… 27
RSSフィード ……… 24
RSSリーダー ……… 24
SaaS ……… 22
SEO ……… 150, 166, 178, 180
SNS ……… 72
SSI ……… 29
Twitter ……… 72
Urchin ……… 11
Webサーバー ……… 12, 23, 26, 36
Webサイト ……… 10, 13, 16, 22, 28, 32, 37, 39, 53, 57, 59, 64, 68, 71, 75, 80, 88, 90, 100, 102, 104, 106, 110, 112, 117, 119
Webトラフィック ……… 37, 125, 130, 138, 212
Webブラウザー ……… 17, 20, 22, 25, 28, 30, 40, 62, 107, 122, 130, 158, 166, 187, 200, 212
Yahoo! ……… 15, 18, 39
アカウント ……… 46, 51, 54, 74, 100

アクセス解析ツール ……… 10, 23, 27, 32, 39
アドバンスセグメント ……… 46, 64, 66, 70, 107, 155, 199, 229, 231
イベントのトラッキング ……… 18
インテリジェンス ……… 46, 64, 66
閲覧開始ページ ……… 65, 117, 122, 131, 134, 141, 155, 201, 203, 208, 229, 231
応答コード ……… 28
オーバーチュア ……… 183
回遊 ……… 65
カスタムアラート ……… 66, 68
カスタムレポート ……… 46, 64, 69
カテゴリパラメータ ……… 57
画面の色 ……… 94
画面の解像度 ……… 95
キーワード ……… 17, 27, 33, 36, 44, 47, 57, 64, 66, 71, 109, 111
グーグル ……… 10, 16, 23
クエリパラメータ ……… 54, 56
クローラー ……… 24, 27, 31
携帯電話 ……… 17, 31
言語 ……… 78
検索エンジン ……… 14, 17, 24, 39, 43, 64, 72, 77, 101, 108, 117
検索エンジントラフィック ……… 39
検索トラフィック ……… 66, 71
コンテンツ ……… 18, 32, 36, 40, 42, 44
コンテンツの詳細 ……… 116
コンバージョン ……… 19, 26, 30
コンバージョン数 ……… 64
コンバージョン率 ……… 33, 65
サーバーログ型 ……… 30, 33
サイト滞在時間 ……… 57, 60, 75, 77, 84, 90, 100, 102, 107
サイト内検索 ……… 46, 55
参照サイト ……… 65, 72, 107, 117

参照トラフィック ……… 39, 43, 71, 134, 201, 212, 214, 218, 220, 227, 229, 231, 242
自動アラート ……… 66
上位のコンテンツ ……… 113
新規セッション率 ……… 33
新規ユーザー ……… 71, 77, 86
新規ユーザーとリピーター ……… 77
全ての参照元 ……… 109
セッション ……… 16, 25, 27, 32, 40
セッション数 ……… 64, 69, 75, 80, 86, 92, 100, 102, 107, 111, 116, 119
接続速度 ……… 102
相関係数 ……… 135, 220
ソーシャルトラフィック ……… 72
ソーシャルブックマーク ……… 72
滞在時間 ……… 57, 60, 69, 75, 77, 84, 88, 90, 100, 102, 107, 113
滞在中のページビュー数 ……… 89
タイトル別のコンテンツ ……… 114
タイムゾーン ……… 54
地図上のデータ表示 ……… 75
直帰率 ……… 33, 75, 85, 89, 100, 102, 107
トップページ ……… 27, 33, 44
ドメイン名 ……… 62, 73, 112
トラフィック ……… 12, 17, 20, 30, 35, 62, 65, 71, 75, 78, 106, 117
ナビゲーションクエリー ……… 186, 191
ノーリファラー ……… 17, 39, 43, 71, 106, 109, 117, 122, 130, 134, 137, 145, 149, 154, 164, 166, 168, 187
パケットキャプチャ型 ……… 30, 33, 36
ビーコン型 ……… 23, 30, 32
フィルタ ……… 46, 62, 70, 101, 112, 120
ブックマーク ……… 17, 39, 71, 107, 122, 130, 138, 148, 150, 157, 187,198, 221
ブラウザ ……… 50, 62, 71, 90, 93, 107
ブラウザとOS ……… 93

ブランド ……… 60, 64, 68, 71
ブランドキーワード ……… 64, 71
ブランドトラフィック ……… 71
プロファイル ……… 46, 57
プロモーション ……… 60, 72
平均サイト滞在時間 ……… 33
平均ページ滞在時間 ……… 33
平均ページビュー ……… 33
平均ページビュー数 ……… 83, 103
ページビュー ……… 13, 16, 22, 24, 27, 33, 38, 44, 65, 69, 75, 77, 82, 89, 100, 102, 107, 116, 119
訪問頻度 ……… 87
ホスト名 ……… 62, 100
マーケティング ……… 26
マイレポート ……… 46, 64
メール ……… 68, 71, 74, 107
ユーザー定義 ……… 104
ユーザーのサイト滞在時間 ……… 84
ユニークユーザー ……… 33
ユニークユーザー数 ……… 69, 81
リコメンデーション ……… 208
リスティング広告 ……… 14, 21, 27
離脱ページ ……… 119
離脱率 ……… 33
リニューアル ……… 88, 117, 141, 145, 147, 149, 154, 165, 183
リピーター ……… 71, 77, 86
リピートセッション数 ……… 86
リファラー ……… 17, 39, 43, 71, 106, 109, 117, 122, 130, 134, 137, 145, 149, 154, 164, 166, 187
利用ネットワーク ……… 98
リンク ……… 17, 19, 24, 39
ログファイル ……… 26
ロボット ……… 23, 36

[著者プロフィール]
中野克平 なかの・かっぺい

アスキー・メディアワークス　デジタルコンテンツ部編成課係長(兼技術部基盤研究課係長)。ASCII.jpをはじめとするアスキー・メディアワークスのWebサイトについてアクセス状況を解析し、事業を改善する報告をしながら、基盤となる検索エンジン技術、Webアプリケーションの研究開発を担当している。

●本書の読者アンケート、各種ご案内、お問い合わせ方法は、下記をご覧ください。

http://asciimw.jp/

※本書の記述を超えるご質問(ソフトウェアの使い方など)にはお答えできません。

カバー・本文デザイン	●	大谷昌稔(POWER HOUSE)
カバー撮影	●	三浦健司
編集	●	小橋川誠己(Web Professional編集部)

現場でプロが培った
Google Analyticsの使い方
グーグル　アナリティクス

2010年2月15日　初版発行

著　者	中野克平
発行者	髙野　潔
発行所	株式会社アスキー・メディアワークス 〒160-8345　東京都新宿区西新宿 4-34-7 電話 0570-003030 (編集)
発売元	株式会社角川グループパブリッシング 〒102-8177　東京都千代田区富士見 2-13-3 電話 03-3238-8605 (ダイヤルイン)
印刷・製本	大日本印刷株式会社

本書は、法令に定めのある場合を除き、複製・複写することはできません。
落丁・乱丁本はお取り替えいたします。
購入された書店名を明記して、株式会社アスキー・メディアワークス生産管理部あてにお送りください。
送料小社負担にてお取り替えいたします。
但し、古書店で本書を購入されている場合はお取り替えできません。
定価はカバーに表示してあります。

ISBN978-4-04-868412-5 C3004
©2009-2010 NAKANO KAPPEI, ©2010 ASCII MEDIA WORKS　　Printed in Japan